高职数学教学策略改革与实践探究

李晓丽　姜田利　吴莹雪　著

中国原子能出版社

图书在版编目（CIP）数据

高职数学教学策略改革与实践探究 / 李晓丽，姜田利，吴莹雪著. -- 北京 ：中国原子能出版社，2024. 6.

ISBN 978-7-5221-3460-4

Ⅰ. O13-4

中国国家版本馆 CIP 数据核字第 20243D6H90 号

高职数学教学策略改革与实践探究

出版发行	中国原子能出版社（北京市海淀区阜成路 43 号　100048）
责任编辑	杨　青
责任印制	赵　明
印　　刷	北京金港印刷有限公司
经　　销	全国新华书店
开　　本	787 mm×1092 mm　1/16
印　　张	14.5
字　　数	215 千字
版　　次	2024 年 6 月第 1 版　2024 年 6 月第 1 次印刷
书　　号	ISBN 978-7-5221-3460-4　　定　价　**72.00 元**

发行电话：**010-68452845**

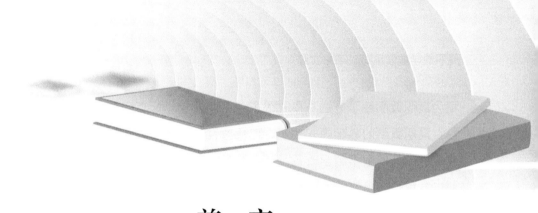

前　言

　　数学课程是高等职业院校课程结构体系中的一门公共基础课程，是高职教育体系的重要组成部分。当前部分数学教学过程依旧沿袭传统教学模式，教师是课堂教学的中心，一切教学活动围绕教师开展，学生只是被动接受知识灌输，缺乏课堂归属感和参与感。在教学过程中，教学内容相对单一，教师往往更侧重于定理、公式等理论性内容，而没有将数学与专业知识进行紧密联系，也不侧重于提高学生的专业水平。高职院校数学教育应当更加突出提高学生的能力和素质，这是高职院校数学教学奋斗的目标，也是教学改革的重要标准。

　　高职数学不仅是高职院校重要的文化基础课，也是必修的职业基础课。数学是高等职业教育不可缺少的一部分，教学质量和学生良好学习习惯的形成对他们以后的专业学习有重要影响。因此，开展高职数学教学研究具有十分重要的意义。

　　本书内容分为五章：第一章为高职数学教学概述，介绍了高职数学教学的概念、我国高职数学教学的现状及高职数学教学的理论基础；第二章介绍了高职数学教学研究对高职数学教学能力培养、高职数学教学的思维方法、高职数学教学的逻辑基础及高职数学教师的专业发展；第三章介绍了高职数学教学思想改革，从高职数学教学与现代教育思想、高职数学教学与素质教育、高职数学教学与数学文化教育三个方面进行了讨论；第四章为高职数学教学方法与模式改革，主要内容包括高职数学的教学方法改革、高职数学的教学模式改革、现代教育技术下的高职数学教学及基于专业服务的高职数学教学改革；第五章为高职数学教学的实践应用探究，主要内容包括高职数学"321"塔式教学的应用、高职数学分层次教学模式的应用、翻转课堂模式在高职数学教学中的应用及基于学生应用意识培养的高职数学教学改革研究。

在撰写本书的过程中，笔者得到了诸多专家、学者的帮助和指导，参考了大量的学术文献，在此表示感谢。本书内容全面，条理清晰，但由于笔者水平有限，加之时间仓促，书中难免存在一些疏漏，希望诸位专家和读者朋友批评、指正！

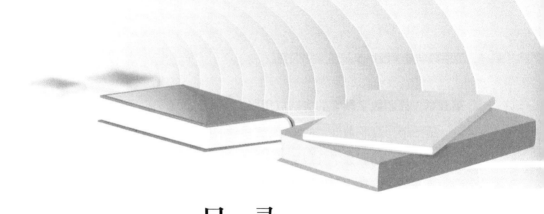

目 录

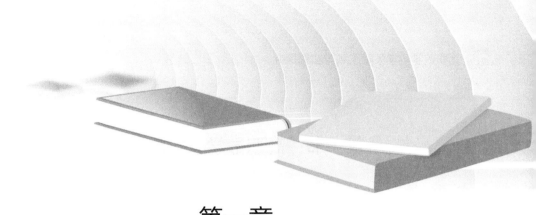

第一章
高职数学教学概述

数学是一门以自然法则为基础、重点研究空间概念和数字的基础学科，能够有效培养学生的思维意识，并能借助语言符号对外部事物进行概括和总结。所谓数学思维实际是指从数学的思考角度和层面出发，对问题进行剖析、探讨、解决的素质和能力，加强对学生思维意识的塑造和培养显得尤为重要。教师在教学过程中所采用的教学手段将直接影响学生的学习热情，也将影响整体教学效果。

随着新课程改革的深入，高职院校对数学的要求也在逐步提高。现在，高职院校的数学已经不能停留在只教授学生书本知识，而是要求教师将数学作为全面、综合的学科，要尽可能地涵盖生活中可能用到知识的各个领域，引导学生善于捕捉生活，从生活实际出发，将数学和实际生活紧密联系起来，从而更好地探索和应用数学规律。通过这种教学途径，高职数学教师能够有效帮助学生加强对理论知识点的理解和吸收，再经由生活实践应用，使其更加深入牢固地掌握教科书中的知识。从生活角度出发，引导学生终身学习数学和应用数学，提高他们的创新精神和数学素养，促进高职院校培养出更多符合社会需要的优秀人才。

第一节　高职数学教学的概念

一、高职教育概述

（一）高职教育

1. 高等职业教育的产生与定位

人才类型会随着社会发展的情形和实际需要而发生变化，教育也会相应发生改变。比如，在工业革命之前，英国等西方国家在教育过程中更侧重哲学、文学等偏学术类的教学内容，培养了较多的学术人才。但随着工业革命的进一步产生和发展，社会对工程师的需求量急剧增多，相关行业对工程师的要求越来越高，传统教学过程中所培养的学术型人才不能满足社会发展需要。因此，伦敦学院应运而生，成为培养工程师和工业人才的重要学院，也为工业革命的发展提供了源源不断的人力支持，推动了社会进步。再比如利物浦大学、诺丁汉大学等，在当时所培养的人才更擅长于产品设计及开发等，这些人才都推动了当时社会的发展。

第一次世界大战后，科技迅速发展。社会生产中所涉及的仪器设备越来越精密，且仪器设备在运行和生产过程中涉及气动、电气、机械等多项技术，一旦仪器设备出现故障，势必需要技术人员对问题进行分析和解决。因此，社会对于技术性人才的需求量不断增多。在当时的教育发展环境和社会背景下，技术人才具备中等教育水平即可满足社会发展需要，由此诞生了中等职业技术教育。

随着社会不断发展，生产、生活对技术水平的要求也越来越高，中等职业技术教育下的技术人才已经不能满足生产生活和社会发展的需要。因此，高等职业技术教育应运而生，旨在培养高等水平的技术人才。发达国家在 20 世纪 50 年代就逐渐推行了高职技术教育，培养了一批又一批优秀的技术人才，为生产生活和社会发展提供了强有力的推动作用。

早在 1976 年，联合国教科文组织教育统计局所编的《国际教育标准分类》（简称 ISCED）把第 5 层次高等教育第一阶段的特点描述为："对所学学科中的理论性、一般性和科学性原理相对不太侧重，而侧重它们在个别职业中的实际应用。所以所列课程计划与相应大学学位教育相比，修业期限要短一些，一般少于 4 年。"[①]显然，这个"第 5 层次的教育"就是高等职业技术性质的教育。

此后，联合国教科文组织国际教育标准分类法（ISCED）将教育体系划分为 7 个等级：0～3 级分别为学前、小学、初中、高中教育，4 级为高中过渡至大学这一阶段的补习期教育，5 级、6 级分别为高等教育和研究生教育。其中特别值得关注的为 5 级教育层次，分为 5A 和 5B 两类，5A 级高等教育是指培养学生具备良好的理论知识，为学生从事学术研究奠定良好基础；5B 教育是指培养技术型、专业型、实用型的人才。我国所实行的高职教育应当属于 5B 教育，5A 类高等教育和 5B 类高等教育构建了现代高等教育结构的基本框架，对人才培养有非常重要的指导意义，同时也充分奠定了高职教育的重要地位和作用。

2. 我国高职教育的发展概况

我国高职教育的发展可分为三个阶段。

第 1 阶段是 1985 年左右。在这一阶段，中国进入了发展的新时期，改革开放的创新提出和逐渐深入，使得中国经济和社会迸发出新鲜活力，有效推动了经济社会发展。这一阶段也使得社会对技术性人才的需求不断提高，同时为高等教育的发展奠定了良好基础。为了保障我国高职教育的顺

---

① 潘懋元，刘海峰. 高等教育［M］. 上海：上海教育出版社，1993.

利发展，1985 年 5 月 27 日颁布的《关于教育体制改革的决定》把高职教育正式纳入了国家教育体系，使之有了政策上的保障。有了保障之后，全国各地涌现出了近百所高职院校。这些高职院校充分意识到学校发展的必要性和紧迫性，它们围绕推动经济社会发展和助力地区经济复苏的重要目标，培养了一批又一批优秀的技术型人才，受到了社会的肯定和支持，由此也为高职院校发展争取了更多机会和空间。

第 2 阶段是 20 世纪 80 年代末到 20 世纪 90 年代末，高职院校在这一阶段的发展步调相对较为缓慢，其主要原因是在短期内高职院校的数量急剧增多，受到的社会关注也逐渐增多，社会大众和各团体对高职院校的要求越来越高。不少高职院校缺乏明确的发展方向和目标，只是一味跟风般向传统高值趋近和发展，结果非但没有达到目的，反而使自身发展陷入困境，影响了高职院校作用的发挥。

第 3 阶段是 20 世纪 90 年代末至今。随着扩招政策及高职高专工作会议的召开，高职教育才找到了发展方向和目标，其充分认识到高职院校的特殊性和办学目标，这使得高职院校发展速度加快。到 2004 年，我国高职院校就有 1 047 所，招生 237 万人，在校学生 595 万人，院校数、招生数、在校生数分别占普通高等教育总数的 60%、53%、45%，已稳占高等教育的"半壁江山"。近几年，高职院校数量还有增长的趋势，截至 2023 年 6 月 15 日，全国高职（专科）院校已增至 1 545 所。

随着高等教育大众化进程的加快，我国高职教育获得迅速的发展，已成为高等教育的重要方面军，实现了教育改革和发展的历史性跨越，为我国经济社会发展提供了大量的高素质技能型人才，为国家现代化建设作出了巨大的贡献。

3. 高职教育的培养目标

根据人才分类学观点，从生产或工作活动的过程和目的的角度分析，我们可按知识与能力结构及功能将人才分为两大类：一类是发现与研究客观规律的人才，他们是学术型人才；另一类是运用客观规律直接为社会谋取利益的人才，他们是应用型人才。应用型人才又包括工程型、技术型和技能型三种类型：工程型人才主要是与为社会谋取直接利益有关的规划、决策、设计等领域的人才；技术型人才是将规划、决策、设计转化为工艺流程、管理规范，具有技术管理、改造、创新等能力的人才；技能型人才是在生产、建设、管理、服务一线具有技术岗位熟练操作技能的人才。技术型和技能型人才存在较为明显的区别，技术型人才更加侧重于通过智力技能来完成任务、实现目标，而技能型人才则更加侧重于通过操作技能来完成具体工作。

自新中国成立以来，高职教育人才培养目标的表述也经历了快速的发展和变迁。从最开始的实用人才逐渐发展为专门人才，随着社会发展和人们对高职教育的进一步认知，培养目标的表述进一步发生变化，逐渐转变为高等技术应用型专门人才，后又转变为高技能人才及高素质技能型人才。

近年来，职业教育发展战略高度不断提升，利好政策频发，如 2019 年颁布的《国家职业教育改革实施方案》、2021 年颁布的《关于推动现代职业教育高质量发展的意见》等。2023 年职业教育有两方面变化，主要体现为招生规模的显著增长和相关资金预算的增加。职业教育招生规模大幅增长，覆盖中等教育、高等教育专科和高等教育本科的职业教育层次结构初步形成，职业教育体系建设基本实现了"纵向贯通"的目标。由此可见，国家对高素质技能型人才定位具有"技术型"和"技能型"双重属性。

这个培养目标的定位不仅符合我国经济社会发展对高技能人才的迫切需求，也符合高职教育自身的特点。这里，有两个关键词："高素质"和"技能型"。所谓"技能型"是高职教育的"职业性"决定的，高职教育是一个层次的职业教育，和普通高等教育在人才培养方面具有明显的区别。后者更侧重于培养理论知识丰富、倾向于学术研究型的人才，而高职教育所培养出的学生对某一专业的理论知识有非常深刻的了解和把握，且能够胜任某一岗位的具体工作，具备这一岗位需要的组织能力和生产操作能力，能够通过自己所学习到的专业知识和技术将工程图纸或技术意图转变为物质实体，能够对实际生产过程中存在的问题进行剖析并解决，能够对信息进行有效捕捉和处理，能够解决生产工艺和产品研发等方面的问题，能提高产品的科技含量，是优质的高技能人才。所谓的高素质属性和特点是由高等教育的高等性所决定的，高职教育隶属于高等教育，具备高等教育的一切特点，所培养出的人才具备高素质特点和属性。高职教育的学生必然需要掌握某一专业的理论知识，具备较强的知识水平，对新工艺、新技术有较好的了解和掌握。

高职教育培养目标确定后，高职院校的办学、专业设置与建设、人才培养模式的确立、教育教学改革都要围绕着这个目标来进行。高职数学作为高职教育的基础课，其课程教学改革和数学教育理论研究当然要围绕着这个目标进行，即高职教育培养目标是高职数学一切改革实践和理论研究的"指南针"。

（二）高职生

高职生是高等教育大众化背景下产生的大学生群体，这个群体相对于其他类型的大学生有自身的特点。

我们必须肯定，高职生是大学生的有机组成部分，是经过高考选拔而进入高职学习的大学生。这些学生积极向上，具有一定的理想追求和较全面的文化基础。他们是国家未来经济社会建设的重要力量，是中国特色社会主义现代化事业的后备人才，是未来人才队伍的重要组成部分。就数学学科而言，高职生经过了十几年的数学学习，掌握了较全面的数学知识和技能，具备了一定的数学运算、逻辑推理、空间想象等数学基本能力，有较好的数学素质。但是我们也不可否认，这些学生总体情况参差不齐，很多学生在数学学习方面还存在着诸多不足。

二、高职数学教学的界定

数学是人类智慧的集中体现，也是最为基础和古老的学科。数学的发展史非常悠久，几乎和人类文明史相持平。"数学"这一词汇最早由古希腊所提出，在古希腊语中代表的含义为知识或科学。数学在我国也有非常悠久的发展历史，最早被称为算术，后来又被叫作算学和数学。

数学是基于生产活动产生的学科，在远古时代，古巴比伦人就已经积累了一定的数学知识，并将其应用在生产活动的实践中，以解决实际问题。尤其是基础数学知识的运用，更是人们生活中不可或缺的重要组成部分，是人们广泛接受的数学知识。从"数学"二字出发，我们不难看出，这是一门研究"数"的学科，无论是代数学还是几何学，都是数学学科的重要分支。直到16世纪文艺复兴时期，解析几何的创立，才真正将代数和几何联系到一起，二者与其他多个分支共同构成了数学体系。当然也有学者认为数学是一种纯数学，以研究抽象结构理论为主。

关于数学的定义众说纷纭，随着人们对其不断地深入认识而产生变化，其中高斯的科学说、克里奇的集合说、波普尔的活动说等都是非常具有代表性和获得较多认可的数学定义。但从严格意义上来讲，具有普遍认可性或统一的数学定义目前还未出现。随着数学的应用范围越来越广泛、涉及领域越来越多元，人们普遍统一将其称作应用数学。随着发展的不断推进，数学发现也逐渐涌现，这在一定程度上不断优化和完善了数学学科，推动了数学纵向的深入研究。

在界定高职数学时，必须充分结合高等职业教育自身特点，制定教学目标任务。高职数学教学具有工具性、公共基础性和文化基础性，不仅能为高职教学中其他课程的良好学习提供保障，还能促进学生职业能力和职业素养的培养，实现学生全面、可持续发展，为学生后续学习和职业发展服务，进而能有效地完成素质教育目标。高职数学以培养学生观察问题和解决问题的能力、注重数学思想和数学方法的应用、提高学生数学素养为教育目标，我们要想实现高职数学教育目标，离不开良好的教学方法支持，而驱动教学方法顺利实施的则是教育思想。因此在高职数学教学过程中，加强教学思想和方法的研究探索是重中之重。

三、高职数学教学的功能与原则

（一）高职数学教学的功能

教育部于 1999 年制定的《高职高专教育数学课程基本要求》和 2006 年审定公布的《高等数学》精品课程将高职数学课程定位为公共基础课和为专业服务的工具课。其中，《高职高专教育高等数学课程教学基本要求》规定其任务"一是使学生在原有的文化基础上进一步学习和掌握本课程的基础知识和基本运算能力、计算工具使用能力、数形结合能力，数学逻辑思维能力和实际应用能力；二是要为学生学习专业课程提供必需、够用的工具，使他们具有学习专业课程的基础知识和计算能力"[①]。这里，《高职高专教育高等数学课程教学基本要求》对高职数学的功能和目标作出了规定，提出了高职数学有培养能力和提供工具两方面的功能任务，高职数学还有素质教育方面的功能与任务。

高职数学教学的功能应包含三个方面：一是工具应用性功能；二是能力培养性功能；三是素质教育性功能。

1. 工具应用性功能

高职数学的工具应用性功能主要包括以下两个方面内容。

（1）高职教育的核心特点是应用性，所以高职数学应该是"以应用为目的"的。从前述可知，高职教育的培养目标是培养高素质技能型人才，所以，高职教育的核心特点是应用性。学生学习高职数学要符合高职教育

---

① 吴益群. 高职教育的创新与发展 [M]. 长春：吉林人民出版社，2021.

的职业性要求，其主要目的是在今后的生产、建设、管理和服务第一线中应用数学的结论、数学的方法、数学的思想，以及应用数学的语言、数学的思维、数学的观念、数学的精神来认识问题和解决问题。

在高职教育中，数学课程大多集中在一年级，数学教学内容和纯数学区别性不大。但对于高职教育而言，数学教学最为重要的目标是培养学生运用数学知识的能力，要培养学生通过应用数学解决实践与工程中的实际问题的能力。如在讲解函数的数学知识时，对于高职院校而言最为重要的是强化学生的数学建模意识和能力，帮助学生学会建立现实生活中各变量的关联。总之，高职院校数学教学过程应当更加突出数学应用性，让学生掌握扎实的理论知识和基础，从而更好地应用数学解决实际生活中的问题。

（2）高职数学要为学生后续的专业课程学习服务。数学是基础学科，也是学生学习其他专业学科的前提，更是各个领域和行业广泛应用的重要知识，数学的应用融合性较强。马克思曾说过："一门科学只有成功地运用数学时，才算达到了完善的地步。"[1]高职院校所开设的专业中的相当一部分要求学生在学习过程中需要有扎实的数学基础，需要具备较好的数学思维和意识，这是提高学生专业课学习能力和水平的重要前提，也是提高学生专业能力的重要基石。

2. 能力培养性功能

高职生学习数学的过程也是培养其数学能力的过程。高职数学一个重要的功能就是培养学生各个方面的能力，尤其是针对学生的职业发展培养其数学能力。《高职高专教育高等数学课程教学基本要求》把培养"基本运算能力、计算工具使用能力、数形结合能力、数学逻辑思维能力和实际应用能力"[2]作为高职数学的两大任务之一，足以证明高职数学在培养学生能力上的功能的重要性。

---

① 武文. 高职教育改革　探索中嬗变［M］. 北京：光明日报出版社，2021.

② 吴益群. 高职教育的创新与发展［M］. 长春：吉林人民出版社，2021.

3. 素质教育性功能

高职数学还有陶冶学生情操、激发数学美感、培养学生数学理性精神、提高学生综合素质的功能。想要发挥数学教学的作用，我们就应当树立正确的数学理念。应当充分意识到数学教学不仅能帮助学生掌握数学这门课程的理论知识，也不仅是帮助学生打开专业课程学习的敲门砖，其是提高学生逻辑思维能力的重要手段，是培养学生具备优秀审美意识的重要途径，是激发学生创新思维和意识的重要方式，这些方面的作用和意义才是数学教学过程中最为重要的价值所在。数学教育的水平高低和质量好坏在一定程度上能直接影响社会人才素质培养状况。部分学校在开展数学教学时存在较为强烈的功利主义思想，仅仅将数学作为实现功利主义的工具，这种做法实际上并不能够达到上述目的。因此，高职数学还应该具有素质教育性功能。

高职数学课程的素质教育性功能主要体现在下面几个方面。

（1）培养科学素质。数学的典型特点是具备明确的结论和具备严密的推理过程，这也使得数学结论能够经得起考验和反复推敲。数学不只能够培养优秀的数学家，还能够提升整体的科学文化素质。数学学习能够使人寻求到真理，了解事物的发展变化规律，还能有效激发人们对真理探寻的动力。通过科学有序的教育引导，数学教师能够帮助学生提升科学素质，强化推理意识，培养逻辑思维水平。数学教育能够有效增强学生思维的创造性逻辑性和严密性。

（2）美育功能。数学中包含较多对称性内容，这些内容能够给人以有力的冲击，让人通过思考获得理性美的享受。加强数学教育，能够帮助学生养成探索数学、挖掘数学、应用数学的思维意识，进而提高学生对美的创造力和鉴赏力。学生每一次专心致志的画图、每一次拼尽全力的推理，都是在体会和感受数学的美。

（3）德育功能。相较于思政的学科而言，数学所具有的德育作用是潜藏性的，也是不容忽视的。首先，数学充满着唯物辩证思想，能够帮助学生更好地认知和感受世界，树立正确的价值观念；其次，数学教学能够有效增强学生的思维意识，使学生具备理性思维。数学这门学科相较于其他学科而言，具备更强的纯粹性和真实性，任何结论都是经得起推敲和琢磨的，任何结论都是通过反复验证和证明的。学生在数学中感受到的一切都是真实的、可信赖的，它能够让学生更好养成诚实、实事求是的良好习惯和性格特点。学习数学能够让学生具备更强的是非观，能让学生更具有原则和底线，不攀附、不谄媚。同时，具备较强数学思维意识的学生，其思想更加缜密，遇事思考更加周全，这对于学生未来的就业和人生发展有非常重要的意义和影响。数学教学内容中也包含较多数学家背后的故事，这些故事无一不具备较强的激励作用，能够让学生们感受到数学家们对真理的渴望，以及对数学的热爱和为了理想而付出一切的决心。教师在教学过程中也可以以此为契机帮助学生培养意志品质。

我们能够陪伴学生的时间有限，能够给学生讲解的知识也有限，因此，要更注重培养学生良好的素质和学习习惯，让学生在后续的人生发展中持续学习探索，提高对环境的适应力，提高自身的竞争力。

（二）高职数学教学的原则

1."以应用为目的，必需、够用为度"的原则

《高职高专教育高等数学课程教学基本要求》指出，高职数学教学必须充分遵循"以应用为目的，必需、够用为度"的原则。

（1）"以应用为目的，必需、够用为度"的原则是实现高职教育培养目标的需要

高职教育的培养目标是培养高素质技能型人才，这部分人才和普通高等教育所培养出的人才不同，他们的发展重心和优势并非搞学术研究或研制新产品，也不是如普通工人一般掌握这一岗位的操作流程和技巧，他们

面向的岗位和工作要求更高。在生产岗位上，他们需要充分理解和认知工程人员所制定的规划设计，并借助自己所掌握的知识将其转变为实物；在服务岗位，他们需要将企业管理层的决策部署转变为能够创造价值的基础服务；在经营岗位，他们需要结合企业管理层的具体决策和部署规划，借助自己所掌握的经营技术和所学习的管理规范，开展技术性服务。这部分人才所具备的能力结构具有以下特点：他们的知识面较为广泛，理论知识较为扎实，与普通高等教育培养出的优秀人才相比，或许他们掌握的理论知识不够严谨和系统，但其动手实践能力和技术应用水平要高于普通高等教育所培养出的优秀人才；他们或许不如技术工人那般具备较强的动手实践能力，但相较于单一的技术工人而言，这部分人才具备更强的理论知识、更广泛的知识面，且具备更强的创新能力和技术应用水平。只有加强对上述特点的了解和认知，才能更好地明确高职教育如何开展数学教育，如何凸显数学教育的作用和价值，如何借助数学教育提高人才培养能力和水平，进而才能更好地推动高职数学改革的有效发展。

（2）"以应用为目的，必需、够用为度"的原则是实现高职数学课程改革、提高课程效率的需要

想要培养高素质技能型人才，势必要求所培养出的人才具备一定的知识面，具备必要的专业知识。因此，高职院校需要开设高等数学、语文等公共基础课。但需控制公共基础课的课时数，不能为了开展公共基础课过多占用专业课的课时，否则可能学生影响专业能力培养的水平和质量，也不利于人才培养目标的实现。"以应用为目的，必需、够用为度"的基本原则是指在设计课程时应当充分结合专业实际情况和学生的具体需求，优化课程设计，强化设计的科学性与合理性。

传统普通专科教学更注重量而非质，试图在有限的教学时间内让学生了解无限的知识，每一门课程都妄图做到面面俱到，这非但难以达到设计目的，反而可能会影响人才培养质量，增加学生学习压力和负担，影响学生学习质量。因此，这一基本原则也是高职数学改革的基本原则，更是实

现教学改革的重要保障。

（3）"以应用为目的，必需、够用为度"的原则是体现高职数学特色的需要

数学具备较强的抽象性，对学生的抽象思维能力要求较高，且具备较强的严谨性，对学生的数学基础和素质要求较高，但高职教育所面向的对象往往是学习习惯相对较差、基础相对较为薄弱的学生。这部分学生的抽象思维能力相对较弱，面对难度较高的学习内容时，学生在学习过程中的压力较大，学习的效果得不到保证，且并非所有专业都需要学生具备过于严谨的知识结构。因此，在设计数学课程时，教师也应当充分结合专业实际情况和人才培养目标，有针对性地设计数学课程和内容，突出教学的实用性。

如在管理类专业中，由于他们的专业课和工作岗位与许多函数、图像具有密切的联系，同时鉴于学生的数学基础薄弱，我们必须从中学的幂函数、指数函数、对数函数等的图像和性质开始，慢慢转到一元函数的微积分、线性代数、线性规划、概率与数理统计等内容的教学上，在各章节的教学内容设置与经济相关的单利、复利、税收、最小投入、最大收益、最优方案等，在相应的练习中也设置相关的内容，使学生熟练掌握与经济有关的各种知识，最终保证学生能在今后的工作中胜任所在的岗位工作，从而为用人单位创造更好的效益。考虑到在一些教材中出现的曲线的凹凸性、图像的描绘、曲率、曲率半径、变力做功、液体的静压力、傅里叶级数、拉普拉斯变换等内容与经济类专业相关性不大，教师可以将它们完全删除。为了满足学生的专业课学习需求，教师还可以把现行教材中没有的线性规划、统计等一些教学内容增加到高职数学教学中，以保证教学课堂上不会出现学生因数学基础差、广度不够而影响专业课程学习、工作等方面的情况。

2. 符合高职学生的认知条件和情感需要的原则

在学与教的过程中，教师最重要的是了解学生的认知因素，只有在了

解学生的认知和情感特点的基础上，才可能真正有效地进行教学。否则，盲目施行教学策略只能是误打误撞，不一定真正有效。

高职学生的数学基础、数学素养相对较差，他们在数学上的认知结构、认知发展准备水平都或多或少存在一些问题，大部分学生在根据具体问题的表征结果搜索相关问题的解决图式或网络层次结构时，由于他们的认知结构不良而无法提取相关图式，或在找到相关图式后，因图式中与问题有关的结点知识缺失或相近知识分辨度不高，常会出现问题解决失败的情况；部分学生的认知风格属于依存型，这使得他们只适应结构严密的、直观的教学，需要老师明确讲授，还会要求教学内容中有直观的解释，或在学习新知识时，要有足够的原有的相关知识明确再现等。因此，高职数学教学内容要根据学生的认知特点做相应的改革。

另外，高职生的情感因素等也是直接影响教学行为策略的选择和实施的重要方面。一方面，由于高职生中许多人在中小学阶段在数学学习上经常遭受失败，其"自我效能感"水平较低，从而对学好数学的期望普遍不高；另一方面，正如学生经常在教师面前发出的疑问——学这么抽象的、与实际"不相关"的数学有什么作用？一般他们对学习数学的价值存在疑问，甚至会完全否定数学存在的价值。这种心理状态将使学生学习数学的动机几乎丧失。还有一部分学生，由于多种因素的作用，其学习的恒心、毅力和自制力不高，这些情感因素也将影响高职学生的数学学习效果。因此，确定高职各专业数学教学内容时，要充分考虑高职学生的认知特点、认知方式，明确他们的认知情感，准确分析学生的数学认知基础，明确他们学习数学知识发生困难的阶段。要有针对性地改革高职数学教学内容，力争使不同的学生能学到不同的数学、不同的学生能学到有用的数学。

3. 有利于培养高职学生的能力的原则

教育要以学生的发展为中心的观点，现在基本上是所有有识之士的共识，高职专业的数学课教学也不例外。除了要从知识上满足学生的发展需要，更要使学生通过高职数学的学习发展他们的各种能力，尤其是学生的自学能力和应用能力。因为随着社会的发展，各种技术更新换代的速度不断加快，与之对应的，社会要求人的知识更新速度也随之加速，因此高职各专业数学课要通过教学内容、教学策略的改革，逐步培养学生的自学能力和应用数学知识解决实际问题的能力，使学生通过数学的学习发掘自由发展的潜力。

4. 体现数学教学发展趋势的原则

随着各高职的不断扩招和社会对人才需求的增加，如同其他学科教育一样，数学教育也在不断朝"大众化"方向发展。作为高职院校来说，大众化数学思想对高职数学教学工作更有重大的指导意义。在高职院校教学中，一方面，我们要适当降低教学要求，删除理论性过强，同时对专业课辅助作用不大的数学知识；另一方面，我们要分析、认清高职生的认知基础差异，对不同的学生提出不同的要求。数学发展的另一趋势是教学内容的现代化、实用化。因此教学内容的改革还要同时兼顾实用性原则和现代化原则，在教学中融入数学建模的思想，发展高职生的实际问题的模型化、数学问题还原能力，进而培养出合格的"新一代技术工人和技能型工程师"。

5. 体现数学的德育功能的原则

数学的德育功能一直被人们所忽视，人们对于数学的认识大多集中在数学的理论应用和实际应用上，但实质上，数学的为德与为用，两者应相辅相成，不可偏废。因为数学在现代社会有着广泛的应用，上至尖端的航天科技，下至生活领域的各个角落，但数学之用，有个"为谁用"和"怎么用好"的问题，不同的数学之用，结果大相悬殊。数学内容可以完善学习者的精神品格，较之于其他学科，其作用就显得更为突出。它不仅是形成科学世界观和方法论所不可缺少的组成部分，而且对学生的理想、情操、道德、法制规范的形成有辅助作用。因此，在教学内容中，教师不仅要结合例题解析过程融入思想教育，还要通过穿插数学史知识等方式，实现数学的德育功能，真正体现其"教书育人"的功能。

第二节　我国高职数学教学的现状

学界对高职数学教育的研究还处于刚刚起步阶段，无论是关于数学教育的目标、理念、课程、教学、学习心理、质量评价等方面的理论研究，还是教学实践改革，都与高职教育的发展不相适应。本节着重分析高职数学教学现状，并分析其原因，探讨好的教学方式，为后续高职院校提高数学教学效果和数学改革定位等提供有效支撑。

一、高职学生数学学习基本情况

目前在高职院校中，有一些学生对学习高职数学感到困难。许多高职院校的教师认为学生不会学习，而部分高职学生成绩相对较差也是不争的事实。

（一）高职学生数学学习的特点

当前高职院校学生数学学习特点如下。

1. 学习目的基本明确但不清晰、不具体

大部分学生对学习目标有一定认识，对未来发展也有一定规划，有些学生希望通过学习提高自身的专业能力和水平来提高自身的综合素质，进而为自己日后在就业和未来深造中能够获得更高的竞争力奠定基础。但也有部分学生对学习目标及未来发展目标缺乏清晰的理解和认知，有些学生只是按部就班地完成学习任务，他们只为了拿到技能证和毕业证。

2. 学习兴趣不高

大部分高职院校学生的学习基础相对较为薄弱，在学习过程中较为吃力，特别是数学这门学科抽象性较强，部分学生在学习过程中付出较多但收获较少，这很容易打击其学习积极性。面对严峻的学习现状，部分学生丧失了自信心，选择自暴自弃，在课堂学习过程中消极怠懒，疲于应付。

3. 学生学习方法比较单一，学习过程较为被动

高职院校数学教学依旧以填鸭式教学为主，学生只是被动接受教师的理论知识灌输，缺乏主动思考，缺乏对知识点的理解和探索，也很难将知识点与现实生活紧密联系起来，他们在现实生活中遇到问题时，不会用数学知识去解决。在学习过程中，学生往往只侧重于学而忽略反思和总结，这会影响其学习成绩的提高，也影响其个人能力的提升。由于数学教学任务重、压力大，教师在教学过程中为了确保教学进度往往会选择直接给予概念，再通过演绎和验证帮助学生理解。这种教学模式会使得学生缺乏思考和探索的机会，影响学生思维模式的培养。

部分学生的学习方式有所欠缺，不少学生在学习过程中缺乏规划性和联系性，对学习内容缺乏了解和掌握，也没有将数学与其他学科进行连接，对自身学习水平和学习状态缺乏清晰认知，只是被动跟随教师脚步开展学习，没有养成良好的学习习惯。大部分学生缺乏探索欲望，缺乏学习主动性，在课堂教学过程中很少提出问题，也很少主动回答问题。这导致学生在学习过程中缺乏参与感，影响学习效果和质量。

4. 学习取向务实

高职院校学生最感兴趣的课程大多是实验实训课，专业课和外语课次之，部分学生认为发展能力类和基本理论类的课程对其未来就业和发展没有太多帮助。一方面，高职学生的学习缺乏主动性、探究性、联系性。刚

进入大学的学生，由于在中学长期接受高强度的解题训练和持续的模拟考试的训练，其主动学习精神减弱，甚至丧失，不少学生养成了消极等待教师提供解题方法、不愿自己开动脑筋探索问题的习惯。而进入高职后，考试频率锐减，缺少了考试的约束，某些学生的学习动力就没有了，一旦考试，他们难以应对，成绩迅速下滑；另一方面，部分高职学生长时间不能适应大学的授课方式和学习特点。很多学生失去中学教师和家长的监督，不知该如何管理自己的学习和生活，在学习方法上不能灵活转变，面对学习中遭遇到的问题和困难不会解决，积弊成患，甚至失去了学习的信心。

高职院校学生的学习动机具有较为明显的机会主义倾向，部分学生对高职教育的认知存在偏差，认为在高职院校教育中，最为重要的是培养专业能力和操作水平。因此，在实际学习过程中，他们更重视专业技能课而忽视理论课。这会导致学生在实际操作和应用过程中，遇到问题时不知如何分析和解决，这是学生理论知识不足、难以支撑专业技能的体现，且学生在学习过程中没有养成良好的学习习惯，不具备科学的学习方法。这使得学生的学习事倍功半，影响学生学习的积极性和主动性，进而影响学生的学习自信心。数学由此可能会成为不少学生的心魔，让学生对其产生较强的恐惧心理。有些学生甚至因此而排斥数学，产生厌学情绪。高职数学是高职学生进入大学后首先接触的一门重要的基础课，对学生养成良好的学习习惯、掌握学习方法非常重要。基于以上的分析，我们迫切需要找到适合高职学生的教学方法和学习方法。

5. 思维能力不强

高职院校的学生在数学考试中往往在应用题部分很难得分，这也反映出高职院校的学生思维能力不强，缺乏思维逻辑性，不能够及时分析并解决问题。部分学生更侧重于形象思维，而不具备较好的抽象能力，在学习数学时较为吃力。对问题进行分析时，他们更侧重于正向思考，而不具备逆向思维的能力，缺乏辩证意识，在思考时不够全面。高职院校的学生来源较为复杂，有一部分是高考中成绩相对较差的学生，无法选择进入普通高校，只能选择高等职业院校。这部分学生的学习成绩普遍较差，学习能力相对较弱。也有一部分学生是从中等职业院校对口升学而来，在中等职业院校中，数学这门课程的课时数相对较少，学生接触到的数学知识和培养的数学思维相对较为薄弱。所以说，高职院校的生源大多数都是数学学习方面较为吃力的学生。

6. 缺乏良好的学习习惯

部分高职院校学生没有养成良好的学习习惯，在学习过程中只局限于单一的知识点，很难构建起完善系统的知识网络，也很难做到知识迁移，无法做到举一反三。在高职院校数学学习阶段，学生所需学习的数学知识相对较多，缺乏良好的学习习惯会使学生在学习过程中更加吃力。具体表现为：高职院校学生的学习缺乏规划性，教师如何安排学生就如何践行，缺乏对课后时间的合理规划和设计；没有养成基本的课前预习、课后复习的习惯，往往将所有的学习任务全部集中在课堂学习时间，这会影响学习效果和质量；在课堂教学过程中，学生不善于记笔记，很多知识点记忆不深刻，影响其课后复习；无法正确对待课后作业，不愿意花费时间和精力，只想走捷径——抄袭；在考试过程中不能做到检验自身水平，更倾向于作弊。

7. 知觉与思维水平低

高职院校的学生缺乏良好的认知思维，在对事物进行感知时更倾向于浅层次的表现，而无法捕捉到深层次的关联。在学习过程中，他们更倾向于对问题进行直观形象思维的思考，缺乏深层次的推广和抽象意识。

8. 数学学习的迁移能力不佳

部分高职院校学生在学习过程中更擅长死记硬背，只是机械地记住知识点和原理，缺乏对概念等的深刻了解和认知，对题目所隐含的陷阱辨别能力不高。在应用所具备的知识时也只是通过浅层次的加工，无法找到较好的固着点链接新知识。具体表现为在面对出现问题时，他们很难充分调度自己所学习到的相关知识，不能形成较好的正迁移或无法避免负迁移。

（二）影响高职学生数学学习的重要因素

1. 高职学生自身的因素

（1）心理因素

部分高职院校的学生会存在自卑情绪。相较于普通高等院校的学生而言，高职院校的学生学习成绩相对较差，且社会对高职院校和普通高等院校的认知和评价存在明显区别，这往往会使高职院校的学生缺乏自信心，认为自己不如别人。在课堂教学过程中，他们可能不会积极主动回答教师的问题，有些学生甚至不敢于举手，不认为自己有能力。

（2）认知因素

部分学生认为数学学习难度较大，在上课时哪怕集中注意力听讲，也很难对教师所讲解的所有内容消化吸收。这主要是因为高职院校的学生在数学学习过程中所积累的问题太多，想要学好数学却无法掌握好的学习方式。之所以产生这一现象，是因为以偏概全现象存在于教学过程中。教师在课堂提问时，部分学生对问题可能有较为清晰的认知或学习基础相对较好，能够给予教师正确答案。教师由此认为所有学生都已掌握特定知识点。但实际上，有相当一部分学生对此依旧存在较多疑惑，并没有掌握这一知识点。在学习数学过程中，越来越多的学生会积累越来越多的问题，最终积重难返。此外，数学教学中的快速度、高起点也在一定程度上会导致这些现象的产生，会使部分学习基础相对较为薄弱的学生很难查漏补缺和突破认知障碍，进而影响数学学习效果。

（3）观念因素

数学在高中阶段是基础课程的主要课程，但在高职阶段是文化基础课。

部分学生由此认为数学课程并不重要，在学习过程中不愿意花费过多时间和精力研究数学、提高数学学习能力。但当学生在学习专业课程时，会发现数学是学习专业课程的基础和前提，没有培养较好的数学思维、没有巩固数学基础会严重影响学生的专业课程学习效果，进而影响学生的未来成长和就业。

（4）教学因素

部分教师在教学过程中缺乏对学生学习基础的了解，在涉及教学内容和教学进度时往往脱离现实，这使得大部分学生跟不上教学节奏，从而影响整体教学效果和质量。在这种教学环境和背景下，学生对数学的恐惧感和厌学情绪将越来越严重，进而使得大部分学生放弃数学学习，影响数学学习效果。

（5）学法因素

学习习惯和学习方法将直接影响学习效果和质量，大部分高职院校的学生都没有养成良好的学习习惯，在学习过程中不善于总结和反思，课前也没有养成预习的好习惯，这使得他们在课堂教学过程中很难跟上教师的节奏和进度，进而影响课堂学习效果，影响整体学习质量；作业完成不规范，将作业当成负担，习惯通过抄袭或其他途径完成作业而没有借助作业检验学习成果、查漏补缺；没有养成提问的好习惯，遇到问题或存在疑惑不善于表达，最终使问题和疑惑越积越多，严重影响学生的学习效果。

2. 高职数学课程及教学的因素

（1）高职数学课程不适合高职学生的学习实际

高职院校数学教学所使用的教材学科逻辑性较强，整体结构较为严谨，但缺乏对知识发展过程的普及和呈现，也没有突出知识应用的意义和价值，与专业的结合度不高。同时，也有部分高职院校所使用的数学教材是专业教学的工具书，它们只选择将与专业相关的数学概念或知识当作教学内容，证明、推理等相关内容全部省略，学生在学习过程中丝毫无法感知数学的魅力，这只会加深填鸭式教学的负面影响，部分数学教材在被应用时缺乏针对性。高职院校的学生未来发展方向较为多样，有些学生会选择毕业后直接进入企业工作，有些学生会选择继续深造提高专业能力和综合素质，不同的出路对应不同的学习需要，教材选择也应当具备区别性。但部分高职院校所使用的数学教材完全是统一的，没有考虑学生的实际情况，导致数学教学效果不佳。对于高职院校学生而言，部分学生会认为数学教材过于晦涩难懂，还未学习就已打好退堂鼓；部分学生会认为数学教材意义不大，在学习过程中缺乏积极性。同时高职院校缺乏对数学的重视，数学课时数无法得到保障，有些专业的数学课程课时数仅在 70 课时左右，但教学任务较重、教学内容较多，教师为了在规定时间内完成教学进度，只能一味地进行知识灌输，这会严重影响学生对知识的理解和消化吸收。

（2）高职数学教师的教学、学习指导、对学业的评价制约了学生的数学学习

① 教学模式单调。高职院校数学教学过程往往采取灌输式的教学模式，教师往往根据自身的工作经验和教学任务的具体要求进行备课，在课堂教学过程中往往根据对课堂的把握灵活调整教学内容，以完全突出教师的主体地位，不会引导学生进行思考或突出学生的学习积极性和主动性，在这种教学模式下，学生只是学习的机器，只是被动接受知识灌输，部分学习基础相对较差的学生甚至会因此而厌恶数学，这会严重影响教学效果和质量。教学任务重、教学课时少的矛盾也使得教师在教学过程中只能采取这一单一快速的教学模式，进而严重影响教学质量。

② 教学手段落后。部分高职院校的教师在教学过程中会采取传统的教学方式和手段，过于依赖课本，习惯凭借粉笔和黑板进行教学，几乎很少应用现代化的教学手段，大部分教师对现代化教学工具的了解和应用能力也相对较差。学生长久以来所感受到的教学环境和教学刺激较为固定，这很容易影响学生的学习兴趣。且在传统教学手段的应用环境下，学生只是疲于记笔记，缺乏主动思考，这不利于培养学生的思维活跃性，也不利于

学生学习水平的提高。

③ 学习指导不到位。数学学习过程中不可避免地会存在一些疑惑，需要师生之间构建良好的关系。教师要通过相互交流，帮助学生解决困惑，提高学生对知识的理解和吸收水平。但在高职院校数学教学过程中，教师更加侧重于课堂教学而忽视了对学生的指导，学生在学习过程中存在疑惑时也不会积极主动地与教师请教交流，这会使得学生对知识点的理解和把握不透彻，疑惑越积越多，最终会影响学生的学习质量。

④ 考试内容和考试方法过于单一，传统的分数论评价方式严重影响着学生的学习积极性。高职院校数学考试内容大多围绕课本，更加侧重于考查学生对理论知识点的掌握程度，而往往忽视了考查学生对数学的应用能力。在这种情况下，学生和教师会更加注重对理论知识的学习和把握，而忽视对应用能力的培养和提高，导致学生在进入工作岗位后缺乏借助数学知识分析和解决实际问题的能力，进而影响学生的职业发展和工作成效。考试方式的单一性主要体现为长久以来高职院校按习惯采取闭卷考试的方式，教师会根据教材内容和教学任务设计考题，学生要在规定的时间内完成测试，教师会根据测试结果将对学生的学习状况进行评价。为了应付考试，学生只能大量刷题，通过刷题培养做题的能力和水平，但这对于学生提高应用数学的能力没有太多帮助，也不利于学生培养逻辑思维能力和思考素质。且这种评价方式对于学生而言不够客观全面，特别是学生家长和教师，往往认为考试成绩高的学生在学习过程中较为认真和努力，而成绩相对较差的学生则不够投入，这对于学生而言是沉重的打击，也不利于培养学生的自信心，更会严重影响学生对数学的学习热情。

⑤ 教师素质发展受限。有的高职院校数学教师直接来自大学毕业生，有的则是来自中职院校，这部分教师自身的能力和素质有限，且他们所接受的教育是传统普通高等教育，对高职院校的办学特色、所肩负的使命以及高职院校数学教学的特殊性了解不够清晰，在教学过程中很难根据高职

院校的实际情况开展教学，这不利于提高学生的能力和素质。近年来，大部分高职院校对数学课时的控制相对较严，有些高职院校为了更好提高学生的专业能力压缩数学课时，这使得数学教师面临工作任务重、工作压力大、课时数少的困境，给数学教师的教学提出了较高的要求。且数学教师在教学过程中所面对的是数学水平相对较为薄弱的学生，在教学过程中，他们需要耗费更多的耐心和精力，这部分学生在管理难度上也相对较大，这很容易使高职院校数学教师缺乏职业价值感和工作热情。且高职院校晋升职称的难度相对较大，部分教师在高职院校工作期间很难感受到成就感，很容易对职业发展丧失信心，这在一定程度上也会影响教师结构，影响高职院校的师资力量。

3. 高职数学课程的定位存在偏差

当前高职院校数学课程教学过程中存在一些问题。

（1）学科目标定位模糊，认知存在误差

高职院校数学学科的目标"必需、够用"具体是指什么，学界还未有明确统一的答案，不同高职院校对此的理解也五花八门。有些高职院校更加倾向于学科化，其数学教学实际是普通高校数学教学的压缩版，所使用的教材也是在普通高等学校教材的基础上删减而成的；有些高职院校则过于功利性，认为数学教学专为专业教学服务，并将数学课程作为专业课程教学的工具，只要求学生学习与专业课程相关的知识，其数学课堂设计过于简洁，无法发挥数学对学生能力和素质的培养作用，从而使数学学科本身所具有的价值大大削减。这种错误认知会影响数学教学效果，也会影响数学对人才培养目标的助力作用。

（2）课程单一，缺乏层次性和针对性，不能满足不同类型学生的学习需要

传统高职院校数学教学过程更加强调各个专业采取统一的内容、目标、进度和考核标准，没有考虑学生的层次性和区别性，对于有些学生而言，

学习内容过于复杂，通过自身努力很难理解吸收；对于另一部分学生而言，学习内容过于简单，缺乏挑战性且对于后续专业课程的学习和发展支持不足。这充分说明传统高职院校在数学课程内容规划等方面没有充分考虑学生的区别性，没有考虑不同层次、不同专业的学生对数学学习的具体需求。近年来，教育部门对高职院校数学课程教材也进行了设计和优化，虽然相对于之前的教材而言具有了较大改进，但优化后的高职院校数学课程教材内容依旧没有突出弹性化和针对性，也没有考虑学生未来发展的多样性，对高职院校数学课程教学而言缺乏实际影响。

（3）现行教材更加突出逻辑性，缺乏针对性和应用性

高职院校现在使用的教材更加注重突出学科逻辑性，忽视了学生的学习特点和数学应用能力培养，使得部分学生在学习过程中感觉数学无价值和无意义，认为学习数学只能浪费时间和精力，进而丧失数学学习的积极性和学习兴趣。有的教材在应用性方面也有所强调和突出，但其所选择的问题不当，没有充分考虑学生的学习基础，也没有充分考虑知识的复杂程度，这使得学生在学习过程中较为吃力，教师在讲解过程中也需要花费较多的时间，需要通过多种多样的方式才能让学生了解和吸收。特别是数学教学和知识应用脱节，纯粹的数学问题多，与专业实际结合的问题少；出于结构的严谨，高职院校在数学教材内容选择与专业后期需要的问题上考虑得也不够周到，具体表现为数学教学有时滞后于专业应用，学生在专业学习、实际工作中遇到数学运算时理解不到位。这导致学生看到的是数学远离生活、远离生产实际，即使需要用数学，他们也不会建立数学模型加以解决，且会产生以下困惑：数学的实用价值到底能看得见、摸得着吗？学这么多年的数学到底有什么用呢？这是高职数学改革应该着重思考的问题。

（4）数学价值认识不足数学课时不够

高职院校更加强调学生的专业能力和职业技能，往往会将更多教学精力和课时数放置在职业实训和专业课程中，这使得基础理论课程的课时数

大大减少。在高职院校中，基础理论课程包括外语课程、体育课程、政治课程、数学课程等，它们往往占总课时数的20%左右。英语课程关系到学生四六级的考查和工作应用需要，因此教师和学生对英语课程的重视程度相对较高。而政治课程和体育课程课时数则有教育部的明文规定，在这种情况下数学课时数会被不断压缩和减少。大部分高职院校数学课时数在60～80课时，但数学课程所需讲解的教学内容十分庞杂，包括空间解析几何、常微分方程等，还涵盖专业课程必须选用的少量数学的应用模块，如线性代数、概率统计、复变函数等。讲完这些内容，按每周4～6课时，高职院校至少要开2个学期（约160课时）。若按60～80课时算，高职院校数学教师连最重要的数学基础部分都难以讲完，何以谈得上实现数学教育的目标。

实际上，国外高职院校在发展过程中也出现过忽视基础课程的问题，但其所实施的"能力本位"模式内涵拓展措施就充分证明弱化基础课程对高职院校教育发展不利，必须要充分重视基础课程，特别是要加强对数学教学的重视，要着重培养学生的数理能力，提高学生的关键能力和综合素养。所以，过少的数学课时，肯定会影响学生关键能力的提升及其终身学习和发展。

二、高职数学教学现状

（一）教育教学方面

1. 教师教育教学观念陈旧导致数学教学滞后

当前部分高职院校数学教师教学观点相对落后，没有意识到教学方面存在的问题，缺乏改进和变化的积极性和主动性。究其原因：一是受普通高等教育的影响，大部分教师对普通高等教育的了解更加透彻，也接受过普通高等教育，这使得大部分教师的教学观念存在偏差，没有意识到高职教育的特殊性；二是部分高职院校管理层和领导层缺乏认知，没有意识到教师队伍思想陈旧的现状和问题，没有开展必要培训和引导；三是当前高等职业院校正处于飞速发展的关键时期，招生数量持续增多，教师所承担的工作压力和负担也相对较重，特别是数学教师，备课、上课、批改作业等工作已经占据了他们较多的时间和精力，使他们无暇学习最新的教学理念和教学手段。

2. 许多专业不设数学课

数学是公认学习难度较大的学科，也是教师们教学压力和负担较重的学科，对于高职院校而言更是如此。高职院校数学教学内容相对较多，所涉及的公式、定义等较为庞杂，其教学过程难度较大。高职院校的学生质量相对较差，学习基础和学习能力相对较弱，缺乏数学学习的空间思维能力和分析应用能力，在数学学习过程中学生们往往会感觉较为吃力，随时可能会丧失数学学习兴趣，部分学生往往选择放弃数学学习，转而将时间和精力投放到其他科目学习过程中。

（二）学生方面

1. 生源结构不同，两极分化现象严重

高职院校生源较为复杂，以普通高中毕业生和职中学生为主，这两类学生在学习基础和学习内容方面存在较为明显的差异。职中生文化课程水平相对较为薄弱，但在专业领域已经进行了一定层次的学习，具备一定优势。如在教师讲解概率论的相关知识点时，普通高中毕业生已经具备一定学习基础、掌握一定知识，对教师所讲解的内容进行理解和消化相对较为简单，但职中生在之前的学习课程中没有接触过相关内容，需要教师进行补讲，这在一定程度上也增加了教师的教学负担。另一方面，职中生在专业课程学习时相较于普通高等毕业生具备更多优势，他们已经取得了相应的职业资格证书，在专业学习时会显得更加轻松。总而言之，高职院校生源结构存在明显区别，教师在教学过程中不得不考虑这一方面的影响因素，这对教师的教学也提出了更大的挑战。

2. 生源质量下降，基础知识薄弱

高职院校生源质量相对不高，特别是在扩大招生的环境和背景下，生源质量较之前有了较为明显的下降。高职院校录取批次处于最后位置，因此进入高职院校的学生大多学习基础较为薄弱。对于职中生而言，他们的文化基础相对较为薄弱，对数学的理解相对较为浅薄，在数学学习中会面临较大困难和阻碍。

3. 心理压力大，学习动力不足

高职院校学生所承担的心理压力较大已经成为不容忽视的重要问题。大部分高职学生认为自己的学习成绩较差，学习能力较弱，较普通高等学校的学生而言低人一等，在学习中存在自卑感缺乏自信心，在数学学习过程中一遇到问题和挫折就容易打退堂鼓，甚至丧失数学学习热情。这也是数学教学过程中所面临的重要问题，更是教师必须要严肃面对和尝试解决的重要难题。高职数学教育想要提高教学效果和质量，不能仅靠降低教学难度，而应当探讨和思考切实有效的方式方法，以真正提高学生的数学学习水平，提高育人效果。

第三节　高职数学教学的理论基础

一、弗赖登塔尔的数学教育思想

（一）弗赖登塔尔关于数学教育思想的认识

弗赖登塔尔是荷兰著名的数学教育家和数学家，在国际上享有盛誉。

弗赖登塔尔的数学教育思想主要体现在其对数学的认识和对数学教育的认识上，他认为"数学教育的目的应该是与时俱进的，并应根据学生的能力来确定；数学教学应遵循创造原则、数学化原则和严谨性原则"[①]。

1. 弗赖登塔尔对数学的认识

（1）数学发展的历史

弗赖登塔尔强调："数学起源于实用，它在今天比以往任何时候都更有用，但其实这样说还不够，我们应该说：倘若无用，数学就不存在了。"从弗赖登塔尔的思想和著作中，我们可以发现，数学理论产生的驱动力是应用需求。数学教学应当紧密联系现实生活，要从学生日常生活情境或学生感兴趣的地方出发，将数学知识与现实生活紧密联系起来，帮助学生加强对数学知识点的理解，要引导学生借助数学知识解决现实生活中的实际问题，真正做到学以致用。

（2）现代数学的特征

① 数学的表达

弗赖登塔尔在讨论现代数学的特征的时候，首先指出它的现代化特征是："数学表达的再创造和形式化的活动。"[②]数学离不开形式化，数学具有高度概括、含义隐性的属性和特点，是对思想的具体表达。

② 数学概念的构造

弗赖登塔尔指出数学概念构造是借助外延性抽象到公理化抽象的过程。现代数学也逐渐趋向于公理化，主要是因为公理化抽象能够对事物进行更加深入和直接的分类和分析，能够帮助人们借此加强对事物的理解和认知。

① 弗赖登塔尔. 作为教育任务的数学［M］. 陈昌平，译. 上海：上海教育出版社，1995.

② 同①。

③ 数学与古典学科之间的界限

弗赖登塔尔认为："现代数学的特点之一是它与诸古典学科之间的界限模糊。"[①]首先，现代数学对古典学科中的公理化方法进行了提取，并在数学整个过程中进行了渗透；其次，数学与其他学科之间的联系越来越密切，不同领域也囊括和蕴含了较多的数学思想。

2. 弗赖登塔尔对数学教育的认识

（1）数学教育的目的

弗赖登塔尔对数学教育目的进行了深刻分析和探讨，认为教育目的应当充分结合学生的实际情况，应当贴合不同时代的发展需求，其主要研究以下三个方面。

① 应用

数学课程的设计应当充分结合现实生活，只有这样才能确保学生感受到数学学习的价值性，也才能帮助学生解决社会生活和工作中面临的困难和问题，计算机课程的普及充分证明了这一观点。

② 思维训练

弗赖登塔尔认为数学是一种思维训练，能够帮助学生强化思维意识，虽然他在主观上对这一观点持肯定和支持态度，但弗赖登塔尔依旧通过较多的训练和实验对这一观点进行了验证。通过对学生进行提问和测试，他发现借助数学教育的有效开展，学生能够更好地理解和分析数学问题，在回答和思考方面也有了较大提高。

③ 解决问题

弗莱登塔尔认为数学最为重要的特征是能够帮助人们对问题进行解决，这也是数学获得较多认可和评价的重要原因。数学教育也应当把解决实际问题当作教学过程中非常重要的内容和教学目的的过程之一，这也能

---

① 弗赖登塔尔. 作为教育任务的数学［M］. 陈昌平，译. 上海：上海教育出版社，1995.

体现理论和实践的紧密结合。现代所采用的课程设计和评价也充分证明了这一点。

（2）数学教学的基本原则

① 再创造原则

弗赖登塔尔指出："将数学作为一种活动来进行解释和分析，建立这一基础之上的教学方法，称之为再创造方法。"[①]"再创造"是数学教育中最为重要和最为基本的原则，在学习的不同阶段、不同层次都非常适用。启发式教学和情景教学就充分体现了这一原则。

② 数学化原则

弗赖登塔尔认为：数学化不仅仅是数学家的事，也应该被学生所学习，用数学化组织数学教学是数学教育的必然趋势。没有数学化就没有数学，特别是没有公理化就没有公理系统，没有形式化也就没有形式体系。这里，我们可以看出弗赖登塔尔对夸美纽斯倡导的"教一个活动的最好方法是演示，学一个活动最好的方法是做"[②]是持赞同态度的。

③ 严谨性原则

弗赖登塔尔将数学的严谨性定义为："数学可以强加上一个有力的演绎结构，从而在数学中不仅可以确定结果是否正确，甚至可以确定结果是否已经正确地建立起来。"[③]严谨性是相对于具体问题和时代所作出的判断，且严谨性也非一成不变，而是基于不同问题具备不同层次的严谨性，教师要引导学生通过不同层次的学习对这一问题进行理解，并树立起属于自己的严谨性。

（二）弗赖登塔尔数学教育思想的现实意义

弗赖登塔尔的教育思想和当前社会普遍倡导的核心教育理念具有很多

① 弗赖登塔尔. 作为教育任务的数学［M］. 陈昌平，译. 上海：上海教育出版社，1995.

② 夸美纽斯. 大教学论［M］. 傅任敢，译. 北京：教育科学出版社，1999.

③ 同①。

相通之处，这也充分证明弗赖登塔尔教育思想具有较为重要的影响力。在数学教育过程中，教师应当加强对弗赖登塔尔教育思想的理解和学习，从中获取营养，助力于教育改革，提高教学效果和质量。

1. 数学化思想的内涵及其现实意义

弗赖登塔尔把数学化作为数学教学的基本原则之一，并指出："没有数学化就没有数学，没有公理化就没有公理系统，没有形式化也就没有形式体系，因此数学教学必须通过数学化来进行。"[①]弗赖登塔尔数学理念是数学教育发展过程中非常重要的指导思想，也是对数学教育者们进行指导和引领的重要思想，深刻影响着数学教育的发展。

何为数学化？弗赖登塔尔指出："笼统地讲，人们在观察现实世界时，运用数学方法研究各种具体现象，并加以整理和组织的过程，称之为数学化。"[②]同时他强调数学化的对象主要包含现实客观事物和数学本身两类，以此为基础，我们可以将数学衍生为横向和纵向数学化。所谓横向数学化，是指对客观世界进行抽象化、数学化、符号化，主要步骤是对现实情境进行观察，以此为基础进行抽象建模，在抽象建模的基础上进行一般化和形式化的发展。当前数学教学过程中所采用的数学模式也是沿袭这一过程所建立的；纵向数学化是指基于横向数学化，将数学问题转变为数学方法和概念，以此为基础形成形式和公理体系，进而提高数学体系的科学性与合理性。

目前部分数学教师教学思想方面较为落后，教学观念存在偏差，他们主要是受到了功利心的影响。在飞速发展的当下，快节奏的生活使部分数学教师失去了平常心，过于追求结果和成绩，将横向数学化的四个阶段不断进行简化，只注重突出形式化这一阶段和结果，而对探索和学习的过程进行忽略。在这种教育思想和方法的影响下，学生对知识的学习较为快速

---

① 弗赖登塔尔. 作为教育任务的数学 [M]. 陈昌平，译. 上海：上海教育出版社，1995.

② 同①。

便捷，但这也会导致学生对知识的理解不够深入和透彻，很容易遗忘知识点。弗赖登塔尔认为这种教学方式是违背教学初心的不科学的教学方式，也就是说，数学教学最为重要的任务是引导学生培养探讨和思考的能力和素质，而不仅仅是让学生机械化地学习前人所总结的数学结果。

数学化方式能够让学生加强对知识点的理解，能够让学生从现实生活中发现知识。数学化的过程能够使学生经历横向数学化的完整过程，可以增强学生对数学知识的获取体验，帮助学生加强对知识点的理解，提高学生的问题分析能力和解决能力，培养学生形成科学合理的数学价值观。此外，数学化还有助于学生的未来成长和发展。现在社会的竞争压力越来越大，竞争环境越来越恶劣，想要在激烈的竞争中占据一席之地，学生势必需要具备较强的能力和素质。仅仅教给学生数学知识是不够的，数学知识在学生的职业发展过程中并不一定能被应用到，但数学知识背后所蕴含的数学思维和意识却是学生在处理工作中必不可缺少的重要内容。教学教师不仅仅要教会学生数学知识，更要培养学生的数学思维和意识，提高学生的综合素质，让学生具备分析问题、解决问题的能力，具备探索和思考的意识。

数学化过程能够让学生亲身体验知识形成的完整过程，在数学化过程中，学生能够感受数学家是如何发现某一数学规律，能从数学家的经历和体验中有所收获。数学化过程也会遇到较多困难和问题，学生在克服困难和问题过程中也能培养自身意志品质和坚韧不拔的性格。当学生攻克难关获得成果时，学生可以获得数学学习的成就感和满足感，也能更好地感知数学魅力，这都是数学化过程能够带给学生的重要内容，是远远比数学知识更为重要的因素，能够助力学生更好成长。学生在亲身经历和体验的过程中能够加深对数学知识的印象，提高对知识的理解，也能在日常生活中更好地应用数学知识，进而从一定程度上提高应试水平。在数学化过程中学生除了能够获得知识外，还能培养数学审美标准，提高数学审美意识，学会反思和调解，有效激发学生的学习积极性和主动性，提高学生对数学知识应用和分析的能力。这是填鸭式教学所不能达到的高度，也是未来数学教学过程中奋斗的目标。

2."数学现实"思想的内涵及其现实意义

新课程中的新课引入部分倡导教师要将学生的生活实际或日常生活中作为引入点，以调动学生的学习热情，这一观点在弗赖登塔尔教育论著作中已被提及。弗赖登塔尔强调，数学教学"应该从数学与它所依附的学生亲身体验的现实之间去寻找联系"，并指出，"只有源于现实关系、寓于现实关系的数学，才能使学生明白和学会如何从现实提出问题与解决问题，如何将所学知识更好地应用于现实"[①]。弗赖登塔尔的数学现实观中明确表示每个学生所生活的环境不同，所构建的数学现实也不同。这不仅仅反映了在学生的世界中客观世界所具备的情况，也涉及学生借助自身所具备的能力和素质对客观世界进行观察所获得的具体认知。在教育教学中，教师应当加强对学生的了解，要掌握不同学生所拥有的数学现实，并以此为基础通过科学设计有效提高学生的数学现实。

数学现实思想生动地阐释了情景创设的重要性及创设目的，也指出了如何正确创设情境及教育教学活动开展的重要影响和意义。首先，在创设情景时，教师应当充分考虑学生的日常生活常识。通过这一方式，教师能够帮助学生搭建起数学与现实生活紧密联系的渠道，有助于学生开展学习活动，且以生活常识作为引入点，能够更好地培养学生的独立思考意识和问题分析解决能力，帮助学生树立正确的学习观念。在创设情景时，教师应当充分基于学生的认知现状，这是充分发挥经济创设作用的重要基础和前提。其次，加强对学生数学现实的理解是开展数学教学的重要基础和前提，教师对于学生的数学现实认知不够正确，会导致数学教学设计不科学、不合理，也会影响整体的教学效果和质量。这也是新数运动失败的重要原

---

① 弗赖登塔尔. 作为教育任务的数学［M］. 陈昌平，译. 上海：上海教育出版社，1995.

因，这是因为教师在运动开展过程中没有正确理解和认识学生的数学现实，导致设计缺乏科学性和可操作性，影响了教学活动的有效开展。

3. "有指导的再创造" 思想的内涵及其现实意义

（1）"有指导的再创造" 中 "再" 的意义及启示

弗赖登塔尔教学思想中倡导 "有指导的再创造" 这一基本教学原则，它是指在教学过程中，教师要给予学生更多的空间和时间，让学生对数学知识进行理解和探讨，而不是由教师进行知识灌输。弗赖登塔尔认为这一基本原则是数学教学中非常重要的原则，也是提高数学教学效果的最有效方式。要基于学生的数学现实，让学生对数学发展史中存在的创造性思维进行模拟和学习。这个过程并不是指让学生如同前人一般对数学进行摸索、让学生经历前人所经历的所有困难和挫折，而是指在教师的有效引导和帮助下，学生不再走弯路，结合学生的学习能力和数学水平，按照相对较为科学正确的道路对知识进行探索，对数学发展轨迹进行了解和掌握。因此，再创造的关键点是对历史的重构或重建，教师应当结合教材的实际情况，结合学生的认知水平，而不是让学生对之前的历史进行复刻。弗赖登塔尔的理由是："数学家从来不按照他们发现、创造数学的真实过程来介绍他们的工作，实际上经过艰难曲折的思维推理获得的结论，他们常常以 '显而易见' 或是 '容易看出' 轻描淡写地一笔带过；而教科书则做得更彻底，往往把表达的思维过程与实际创造的进程完全颠倒，因而完全阻塞了 '再创造的通道'。"①

当前大部分数学教学过程中，教师由于教学内容较多、教学压力较重、课时数相对较少，他们往往会选择在教学过程中开门见山、直截了当地开展教学。教师会对定义概念进行讲解，分析这一知识点的要点内容，再通过典型事例进行巩固，课后通过布置作业的方式让学生进一步对所学知识

---

① 弗赖登塔尔. 作为教育任务的数学［M］. 陈昌平，译. 上海：上海教育出版社，1995.

进行熟悉和理解。学生则需要在课堂学习过程中集中注意力听讲，做好笔记，并对教师所讲解的要点进行记忆，课后需要通过大量刷题对这一知识点进行巩固和吸收。这种教学方式相对而言较为简单，教师能够节省相当一部分的时间和精力，及时跟上教学进度和节奏，但学生的学习效果并不好。学生没有理解和探索的过程，没有对问题进行分析和解决的过程，更没有总结和反思的过程，这对于学生的成长而言利大于弊。杜威说："如果学生不能筹划自己解决问题的方法，自己寻找出路，他就学不到什么，即使他能背出一些正确的答案，100%正确，他还是学不到什么。"[①]其实，学习数学家的真实思维过程对学生数学能力的发展至关重要。张乃达先生说得好："人们不是常说，要学好学问，首先就要学做人吗？在数学学习中，怎样学习做人？学做什么样的人？这当然就是要学做数学家，要学习数学家的'人品'。而要学做数学家，当然首先就要学习数学家的眼光。"[②]

德·摩根就提倡这种"再创造"的教学方式，他举例说："教师在教代数时，不要一下子把新符号都解释给学生，而应该让学生按从完全书写到简写的顺序学习符号，就像最初发明这些符号的人一样。"[③]庞加莱认为："数学课程的内容应完全按照数学史上同样内容的发展顺序展现给读者，教育工作者的任务就是让孩子的思维经历其祖先的经历，迅速通过某些阶段而不跳过任何阶段。"[④]波利亚也强调学生学习数学应重新经历人类认识数学的过程。

比如，从1545年卡丹讨论虚数和其运算方法，到18世纪复数这一概念被大家广泛了解和认可，经历了将近200年的时间。在这一漫长的时间内，很多数学家都认为这种数并不可能真实存在，只是数学家的幻想。在讲解复数的相关概念时，教师没有必要花费较多时间和精力让学生重走前

① 杜威. 杜威教育名篇 [M]. 赵祥麟，译. 北京：教育科学出版社，2006.
② 张乃达，过伯祥. 张乃达数学教育：从思维到文化 [M]. 济南：山东教育出版社，2007.
③ 章建跃. 数学学习论与学习指导 [M]. 北京：人民教育出版社，2001.
④ 贝尔. 数学大师 [M]. 徐源，译. 上海：上海科技教育出版社，2012.

人的道路，但可以将引入复述概念设计成当时数学家们所遇到的问题，让学生能够站在数学家的角度对所面临的问题和现状进行思考和探讨，这时教师可以讲解从自然数到实数的整个发展过程以及数系扩充的规则要求。在这种情况下，教师要引导学生们更好地思考"从自然数到实数都具备了几何表征和运算规则，那同样条件下的复数是否也能思考和探讨其表征方式和运算法则"这一问题。这种教学方式能够有效提高学生对数学学习的兴趣，减少学生所做的无用功，提高学生对数学知识的理解，使其感知数学知识创造的过程，能让学生们站在当初数学家的角度上更好地对数学进行感知和领会，也能有效提高学生的个人能力和素养。

（2）"有指导的再创造"中"有指导"的内涵及现实意义

弗赖登塔尔认为"有指导"是在创造过程中最为重要的要点和因素。若只是放任学生自己对数学进行探讨，学生可能花费较多时间和精力却一无所获，这会影响学生的学习积极性和主动性，也不能达到想要的教学效果和收获人才培养成就。学生还处在知识基础相对较为薄弱的阶段，在方向不明、结论未知的情况下让学生自行探索，很容易导致学生如无头苍蝇般一无所获。打个比方，让一个盲人在从未走过的环境中到达指定地点，他可能需要花费较多的时间，在走的过程中可能遇到较多的障碍，在探索过程中可能会受较多伤害，甚至花费较多时间却依旧无法达到最终目标。学生在数学探讨过程中如同盲人，教师应当承担起领路人的职责，在学生走错方向时应适当进行提醒和引导，在学生即将遇到困难和挫折时应适当进行点拨，从而让学生在发挥主观能动性的基础上更好地实现学习目标。此外，简单的数学化活动并不能够直接生成数学形式定义。数学定义是经历漫长时间、在较多科学家不断进行努力和完善下才最终形成的严谨和精致的结论，这不是学生通过几个小时或几节课就能达到的。因此，数学学习最为重要的是文化传承。

当前有些观点将教师指导和学生主动探索对立起来，这是一种非常错误的观点，也违背了弗赖登塔尔的教育理念和思想。当然这也不意味着教师可以肆无忌惮进行指导，教师应当思考如何进行指导、在何时进行指导，从而实现教育目标。

① 如何指导——元认知提示语。在引导学生探讨数学的过程中，教师应该善于应用元认知提示语，充分结合学生的认知状况，结合知识目标的难易程度和隐蔽性情况，设计更加科学合理的元认知问题。教师必须加强对自我的要求，加强对元认知提示语的了解和应用。

② 何时指导——当学生充分思考某一问题但依旧难以想通时，教师可以进行适当引导；或当学生的思维方向与正确方向完全背离时，教师可以进行适当引导。只有这样才能够充分激发学生的主观能动性，培养学生的探索意识和思维能力，也才能真正发挥教育教学的作用。而不是当学生一陷入迷茫状态时，教师再进行引导或帮助，或者教师不让学生花费任何一点时间和精力走弯路。这种指导过于干涉学生的思维培养和探索活动，虽然能够更快地完成做数学的任务，但对于学生的成长和培养而言没有太多帮助。

二、建构主义的数学教育理论

建构主义学习理论在 20 世纪 90 年代逐渐于西方国家盛行，这是行为主义发展到认知主义层次后的进一步突破，也被称为当代心理学的重要革命。

（一）建构主义理论概述

1. 建构主义理论

建构主义理论是在认知结构理论、发生认识论、文化历史发展理论等的基础上逐渐形成的一种新理论。知识实际是个体对环境进行认知并相互之间产生作用形成的结果。在儿童认知结构研究中有三个非常重要的概念：同化、顺应和平衡。所谓同化是指当个体所处的环境发生变化时，通过原有图示对新的发展环境中所产生刺激的信息进行同化，以达到相对较为平衡的状态；顺应是指当在同化过程中发现不能达到目的时，则主动对原有图示进行修改或选择新图示以期达到与环境相适应的平衡状态。个体的认知总在接受新刺激的过程中会不断突破构建，最终朝较高的状态进行升级和发展。在发生认识论基础上，越来越多的专家和学者对建构主义进行了深层次的研究和拓展。科恩伯格着重研究认知结构所具备的性质及如何发展的问题，卡茨则更加侧重于研究人体主动性在认知结构构件中所起的作用及如何发挥的问题，维果茨基则重点研究心理技能和社会交往及活动之间的密切关系。各专家学者在不同层面和角度的研究进一步优化和完善了建构主义理论，并推动了建构主义理论的不断应用和发展。

2. 建构主义理论下的数学教学模式

在这一理论下，学习是个体通过已有的知识结构和所掌握的知识经验对新知识进行消化、吸收、重组的过程，在一定的指导作用下个体可加强对知识的主动构建。这并不意味着教师可以放手把所有时间和空间交还给学生，而是指在教学活动中应当尽可能突出学生的主体性，在教师的引导和帮助下有效提高学生对知识的理解和吸收。因此，在教学过程中，教师应当注意：首先要充分突出学生的主体地位，调动学生学习的主动性，让学生有更多的时间和空间对问题进行思考和探讨，并通过相互配合、相互合作获得新知识；其次，学生在对新知识进行消化吸收和构建时应当基于原有的知识基础；最后，教师在教学活动中应当加强支持和引导，帮助学生更好地完成学习活动。一方面，教师应当多应用情景创设的教学方式，将数学知识与现实生活紧密联系起来，让学生在现实情境中加强对知识的理解和吸收，从而有效提高学生的创造力；另一方面，教师应当给予学生一定的空间和时间，让学生对问题进行思考和探讨，让学生充分发挥主观能动性，表达自己的意见和建议。当学生在学习过程中遇到困难或受到挫折时，教师也要加强支持和鼓励，及时帮助学生更好地完成学习任务。

建构主义的教学模式充分围绕学生的主观能动性和学习主体性这一核心，以教材作为意义构建对象，辅以教师的帮助和支持，在原有知识的基础上，可帮助学生加强对新知识的构建和融合，强化学生对新知识的理解和吸收，进而能有效培养学生的综合能力和素质。教学的最终目的是帮助学生学会主动获取知识以及帮助学生加强对已获取知识的意义构建。

（二）建构主义学习理论的教育意义

1. 学习的实质是学生的主动建构

这一理论认为学习活动是学生主动参与和构建的过程，而非被动接受教师知识灌输的过程。这一过程必须要由学生来完成，其他人可以进行帮助和支持，但不能代替学生完成这些活动。学生要基于原有的学习经验和知识基础，加强对新信息的消化加工和吸收，进而在此基础上构建起自身的知识体系，从而对原有的知识体系进行优化和调整。这种学习构建既是对原有经验的改造，又是对新信息的意义构建。

2. 课本知识不是唯一的正确答案

这一理论认为课本教材中所反映的知识并非是唯一答案，而是对相关事物或现象相对较为可靠的假设，这些知识在没有被学生所消化和吸收之前是没有任何价值的，只有学生基于主观能动性，加强新旧知识之间的连接融合，才能构建起课本知识的意义。因此，在学习过程中，学生不要被动机械地接受知识，而应当在基于自身理解的基础和前提下，对相关知识进行调整和检验。

学生是有思想的、有一定知识基础和知识经验的，学生在学习的过程中并非对所有知识都全盘接受，他们会基于自己的经验和认知水平对知识的合理性、科学性进行思考和判断。因此，在教学过程中，教师不应强迫学生将所有知识作为结论并进行死记硬背，而应当加强对学生认知水平和知识体系的了解，在此基础上通过有效途径学生的新旧经验能够相互传达和作用，进而使其构建知识含义。

3. 学习需要走向"思维的具体"

这一理论更加强调在课堂教学过程中要加强情境创设，在情境的环境影响下帮助学生加强对知识的理解。该理论认为当前学生所处的环境并非自然环境，而是教师人为所构建的环境，但教师在教学过程中所讲解的知识却是源自现实生活抽象而来的一般性规律或知识，在这种情况下学生所学习到的知识与所处的环境是相互割裂的。因此，学生可能很快会忘记知识点或在现实生活中很难应用这些知识解决实际问题。该理论认为只有将知识置身于其特有环境下，才能让学生进一步加强对知识的理解和吸收，也才能更好地确保学生应用知识解决现实中的实际问题，真正做到知行合一。

情境教学要求教师所提供的任务应当是相对较为真实且具有挑战性的，要比学生所具备的认知水平和知识经验略高，进而有效激发学生的好胜心和学习热情，确保学生能够更加投入地参与到学习活动中。在课堂中的学习活动不应当是学习教师已经准备好的知识结论，而应当引导学生在探索的过程中升华思维，加强对知识的理解和认知。

4. 有效的学习需要合作，在一定支持下展开

这一理论认为学生在构建意义的过程中往往是基于自己的思考角度，但每个人的认知水平和思考角度是存在区别的，这种区别性就形成了丰富的资源。学生通过小组合作能够加强与其他人的沟通和交流，了解其他人看待问题和事物的思考角度。这有助于学生更全面地理解和认知事物，也能有效提高学生的思维意识和思考能力。在小组合作中，学生能够对自身的思考过程进行再认识，能对已构成的观念再次改组思考，进而有效提高建构能力，推动自己更好地成长和发展。

为学生的学习活动和未来发展提供必要的支持和信息，在建构主义理论中这种知识和信息也被称为支架。它是支撑学生提高个人能力和素质的有效途径，能够帮助学生少走弯路。

5. 建构主义的学习观要求课程教学改革

建构主义理论认为学习过程是学生主动构建知识的过程而非被动接受教师知识灌输的过程。所谓建构是指学生基于已有的知识基础和经验，通过新旧知识之间的相互作用来对原有的知识结构进行优化和调整，从而形成新的认知结构的过程。这一过程只能由学生独立完成，他人无法代替。因此在教学过程中，教师应当善于尊重学生，突出学生的主体地位，培养学生对课堂的归属感和参与感，为学生的知识构建提供有利环境。

6. 按照建构主义的教学观创设新的课堂教学模式

建构主义学习环境包括合作、情境、交流和意见构建等四个要素，基于此所形成的教学模式是指以学习活动为核心，辅以教师的支持、引导和帮助，通过小组合作、推动交流等多种途径有效提高学生的学习积极性和主动性，帮助学生加强对知识意义构建的教学模式。常见的教学方式有随机通达教学等。

7. 以建构主义的思想培养和培训教师

新课程改革对教学方式及理念也进行了明确规定和要求，建构学习探究学习是新课程改革过程中备受推崇的教学方式和理念之一。想要实现这一目标，教师必须要加强学习，要接受相关训练，要树立正确的理念和认知，掌握合适的方式和方法，只有这样才能更好地开展建构教学，从而有效培养学生的学习积极性和主动性，提高学生的学习热情。

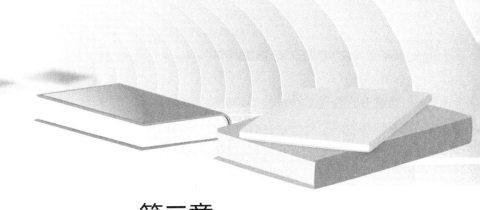

第二章
高职数学教学研究

本章主要介绍高职数学教学能力培养、高职数学教学的思维方法、高职数学教学的逻辑基础及高职数学教师的专业发展，对数学教学的能力、思维方法、逻辑基础进行研究有助于高职数学教学的改革的推进。

第一节　高职数学教学能力培养

一、数学能力的概念与结构

（一）数学能力的概念

1. 数学能力

我们可将数学能力分为两种：一种是体现再现性的学习数学的能力，一种是体现创造性的研究数学的能力。数学学习能力主要体现在普通学生的数学学习活动中，是指学生能够在学习数学的过程中成功且快速地习得知识和掌握技能的能力，它是数学研究能力的初级阶段，同时也是数学研究能力的表现之一；数学研究能力则主要存在于科学家的数学活动中，具有科学性，是科学家在数学科学活动中产生对社会有价值的新成果或新成就的能力。学生学习数学时，常常会有再一次发现人们已经发现并熟知的一些数学知识的经历。

从发展角度看，数学家的创造能力是他在数学学习活动中的重新发现和解决数学问题的过程中逐步形成的。因此，数学教学中所说的数学能力，指的是学习数学的能力和这种刚萌芽的创造能力，而这种初步的创造能力的培养在当代数学教学中，教师显得越来越重要。因此在高职数学教学中不能把两种数学能力截然分开，而应用联系和发展的眼光看待它们，应该综合地、有层次地对学生进行培养。

2. 数学能力与数学知识、技能

（1）智力与能力的关系

智力与能力都是个体成功地解决某种问题（或完成任务）所表现出来的个性心理特征。人们把智力与能力理解为个性的东西，说明其实质是个体的差异。我们通常所说的能力有大小，指的就是这种个体差异，而智力的通俗解释就是 "聪明"与"愚笨"。智力与能力的高低首先要看解决问题的水平，这也是学校教育要培养学生分析问题和解决问题能力的原因所在。智力与能力所表现的良好适应性，即主动积极地适应，能使个体与环境取得协调，达到认识世界、改造世界的目的。智力与能力的本质就是适应，能使个体与环境取得平衡。

智力与能力是有一定区别的。二者虽都是作用于稳固的心理特征的综合特征，但智力侧重于认识方面，主要考虑知与不知，其作用是确保个体能够对客观事物实现有效认识；能力则侧重于活动方面，主要解决会与不会，个体作用是确保实际活动能够顺利开展。要注意的是，认识与活动的关系是交叉的，它们互为前提且相互制约，一定的活动是认识的基础，而活动的进行又必须具有一定的认识。

（2）数学能力与数学知识、技能的关系

数学能力、数学知识和数学技能三者之间的关系不是独立的，它们既有联系又有不同。总的来说，数学知识属于个体心理方面的内容，是对数学经验的提炼；数学技术属于个体操作技术方面的内容，是对数学活动行为方式的概括；数学能力属于个体心理特性特征方面的内容，是对数学材料加工活动的体现。

形成数学技能是个体成功掌握数学知识的标志。作为个体心理特性的能力，是能对活动的进行起稳定调节作用的个体经验，是一种类化了的经验，而经验的来源有两方面：一是知识习得过程中获得的认知经验，二是技能形成过程中获得的动作经验。而且，能力作为一种稳定的心理结构，可对活动进行有效的调节和控制，要求个体必须以知识和技能的高水平掌握为前提，其理想状态是技能的自动化。

能力心理结构的形成依赖于个体已经掌握的知识和技能的进一步概括化和系统化，它是个体在实践的基础上，通过已掌握的知识、技能的广泛迁移，在迁移的过程中，通过同化和顺应把已有的知识、技能整合为结构功能完善的心理结构而形成的。

3. 影响能力形成与发展的因素

研究影响能力形成与发展的因素，可以解释个体的智力与能力在多大程度上可以得到改变、改变的可能性有多大等问题。对这些问题进行讨论有助于树立关于人们学生数学能力培养的正确观念。一般说来，影响能力形成与发展的因素不外乎遗传、环境与教育，它们对能力发展的作用究竟如何，心理学家们对此进行了长期而深入细致的研究，主要结论如下。

（1）遗传是能力产生、发展的前提

良好的遗传因素和生理发育，是能力发展的物质基础和自然前提。不具有这个前提，能力的培养与发展便成为无本之木、无源之水。遗传对能力发展的作用体现为以下两个方面。

① 遗传因素是影响智力或能力发展的必要条件，但不是充分条件。最近的研究表明，人与人之间的血缘关系愈近，智能的相关程度愈高。同卵孪生子的遗传相同，他们之间智力相关最高，这表明遗传是决定智能高低的重要因素，但绝不是决定因素。

② 遗传因素决定智能发展的可能达到的最大范围。阴国恩等把遗传因素决定的智能发展可能达到的范围形象地比喻为"智力水杯"，即相当于智力潜力，它制约着学生智力开发的最大限度。但实际上，"水杯"装了多少"水"还取决于个体后天的生活经验与环境教育，即后天的环境教育及活动经验决定了智力或能力发展的实际水平。

（2）环境与教育是智力或能力发展的决定因素

社会文化、物质环境和教育水平是决定智力或能力产生和发展的主要因素，其中教育水平占主导位置。遗传因素决定发展最高上限，它是智力或能力顺利发展的生物和物质前提。在这种前提下，个体若想实现智力或能力的发展，还需要将丰富的文化背景、充盈的物质环境和良好的教育水平作为刺激这种可能性实现的推手。

环境刺激可通过智能发展的类型、速度、水平和智力品质等对智力或能力的发展发挥起决定作用，其主要影响智能开发的具体程度。一般情况下，绝大多数学生都具有发展的潜能，但能否得到充分的发展，则取决于学校、家长、社会能否为他们提供丰富的、良好的刺激环境。

然而，一个人是否真的能利用上述外部因素使自己的潜能充分开发，不仅仅取决于环境和教育等能力发展决定因素，还受个人主观努力意愿和意识的能动性等非智力因素影响，许多在逆境中努力奋发最后取得成功者就证实了这一点。这说明，尽管智力、能力属于认识活动的范畴，但对能力进行发展与培养不能忽视非智力因素的作用。

（二）数学能力的成分结构

数学能力是一种非常稳定的心理特征，其是通过数学活动形成和发展起来的。数学活动的主体、客体及主客体之间的作用方式是我们研究数学能力时必须全面考量的。数学活动的主体研究主要着眼于主体认知特点方面，客体研究主要表现在数学学科特点方面，主客体之间的交互作用方式则以主体数学思维的活动方式为主要的考量方向。

数学活动的心理过程包括知觉、注意、记忆、想象、思维，而这些心理活动有助于个体在数学活动中逐渐形成数学观察力、注意力、记忆力、想象力和思维力。这些能力共同构成了数学能力的基本成分。通过数字和符号进行运算是数学能力在数学学科特点、主体数学思维活动特点上发挥作用的一种表现。数学能力包括运算能力、空间想象能力、逻辑推理与合情推理等数学思维能力及在此基础上形成的数学问题解决能力。

数学观察力、注意力、记忆力是主体从事数学活动所体现出来的一般能力，而运算求解能力、抽象概括能力、推理论证能力、空间想象能力、数据处理能力则能体现数学学科的特点，是主体从事数学活动而非其他活动所表现出来的特殊能力，它们被称为数学特殊能力。数学一般能力和数学特殊能力共同构成了数学能力的基础，同时二者又是构成数学实践能力这一更高层次的数学能力的基础。数学实践能力包括学生提出问题、分析问题和解决问题的能力，以及应用意识和创新意识能力、数学探究能力、数学建模能力和数学交流能力。从学生的可持续发展和终身学习的要求来看，数学发展能力应包括独立获取数学知识的能力和数学创新能力。培养学生数学发展能力是数学教育的最高目标，也是知识经济时代知识更新周期日益缩短的现状对人才培养的要求。

二、数学能力的培养原则与策略

（一）培养数学能力的基本原则

高职学生数学能力培养必须遵从五个原则。

1. 启发原则

参与思维是启发原则的核心，教师需要通过设问提示等方式为学生创设情景和条件，鼓励学生积极参与解决问题的思维活动，以培养学生独立解决问题的能力。

2. 主从原则

教师应根据教材特点，结合教材内容、数学活动和数学能力的关联性，从每一章节、每节课中提炼一至三个需重点培养的数学能力。

3. 循序渐进原则

充分认识能力的培养和发展是一个渐进且有序的过程，与循序渐进原则由初级水平向高级水平逐步提高是一致的。高职数学教育首先要让学生具备简单的认知能力，这种能力的形成和发展是学生具备更高一级操作能力甚至是复杂的策略运用能力的前提。教师要充分意识到高职学生数学基础较差的现实情况，要循序渐进地开展数学教学活动，使学生能够跟得上。

4. 差异原则

差异原则主要体现为因材施教，由于高职学生的素质水平和现有能力水平存在差异，高职数学教师应对不同的学生采取不同的方式方法进行教学和能力培养，同时教师应及时了解教学效果，随时调整教学策略。

5. 情意原则

情意原则是数学能力培养中不可忽视的情感促进原则，良好的师生情感有助于教师在教学过程中培养学生良好的学习品质。

（1）要认识到每一个正常的学生都具有学好数学的基本素质。生理素质是能力具备的先决条件和物质基础，在这种基础上，教师要通过社会活动和系统科学的教学训练逐步培养学生需要具备的能力。教师能否采取有效措施成功激发学生对数学的兴趣和求知欲，使学生的潜能充分发挥，并使其能力长远发展，将影响学生能否真正地学好数学。

（2）要关注并正确评估学生数学能力的差异。不同学生的数学能力表现不同，高职数学教师必须根据学生的个体表现差异正确评估学生的数学能力。

（3）要在数学活动过程中培养学生的数学能力，激发学生能动性，培养学生的数学思维。学生的数学能力是在数学活动进行的过程中逐渐培养的，因此高职数学教师在教学中必须注重对数学活动过程的教学，要在数学活动中展示知识的发生背景和发展历史，以便通过认知冲突刺激学生生成探究的内在求知动机；要让学生能真正参与到发现和探索的数学活动过程中并逐渐得出结论，而不应过早地由教师展示结论；教师应结合学生的思维特点和思维水平，认真设计教学过程，并对教材中的"简约"形式进行处理和延展，合理地再现数学家进行数学活动时的思维过程，让学生能够充分感受数学思维过程；高职数学教师应关注并认真研究学生暴露的思维过程，及时加以启发和引导，发现学生错误时要及时纠正，帮助其总结思维规律和思考方法，从而帮助学生建立和发展其数学思维。

（二）数学能力的培养策略

数学能力的培养主要是在课堂教学中进行的。教师要根据具体的教学内容，确定具体的教学目标，明确培养何种数学能力要素，并通过有效的教学手段去实现教学目标。

1. 能力的综合培养

对数学能力结构进行定性与定量分析后，要践行数学思维能力培养策略。

（1）数学思维活动是数学思维能力和各构成因素孕育和发展的土壤，

能力因素的培养与其相应的思维活动是一一对应的，因此好的数学思维活动是非常重要的。下述思维活动模式是数学思维活动的基础模型。

① 对经验材料进行数学整理，观察试验、归纳、类比、概括是常见的累积事实材料的手段。

② 对积累的数学材料进行逻辑整理，提取原始概念和公理体系，并在此基础上推演形成理论。

③ 数学理论的应用。

（2）能力因素需要通过专门的训练才能获得，因此在教学过程中，合理的设置对于应数学能力因素的训练课题是必要的。学生需要对各能力因素进行有针对性和计划性的练习，不可盲目做题。

（3）教学的不同阶段应有不同的侧重点，每一知识块的教学都包括为入门阶段和后继阶段。在入门阶段，教师需要选用与学生原有知识最相关的材料，在最基本和一般的知识中逐渐引入新知识，帮助学生更快更好地过渡到新的知识领域。在学习过程中，教师要尽可能早地通过新的数学思维方式对学生进行引导，让学生在入门阶段建立起一般性的思考原则和分析方法。后继阶段是数学思维的最佳训练时期。由于学生在入门阶段已经建立了基本的思维框架，教师在这一阶段可以拓宽学生的思维，使其各项思维能力因素得到充分的训练。

（4）注意学生的思维水平。

2. 特殊数学能力要素的培养策略

许多研究是围绕某些特殊的能力要素的培养展开的。

（1）运算能力的培养

运算能力能在实际运算中得以形成和发展，并能在运算中得到表现。这种表现有两个方面：一是正确性，二是迅速性。正确是迅速的前提，没有正确的运算，迅速就没有实际内容，在确保正确的前提下，迅速是运算效率提高的体现。运算效率的迅速性主要体现在对最优运算途径的选择上，其特点是准确、合理和简洁。做好以下几点在培养学生运算能力上是非常重要的。

① 确保学生掌握概念、公式、法则。数学运算的实质是从已知数据及算式推导出结果，而数学的概念、公式、法则是实现数学运算的根本依据。学生遗忘、记错或混淆基本的概念、公式和法则，必然会影响数学运算最终结果的准确性。

② 使学生掌握运算层次、技巧，培养迅速运算的能力。数学运算能力结构具有层次性的特点。从有限运算进入无限运算，在认识上确实是一次飞跃，如学生过去对曲边梯形的面积计算感到十分困惑不解，现在也能辩证地去理解它了，这说明辩证法又进入运算领域。简单低级的没有过关，要发展到复杂高级的运算就困难重重，再进入无理式的运算，那情况就会更糟，甚至不能进行。

由于运算一般具有一定的可循的模式，每个层次中的运算程序的合理性需要被关注。但学生在运算时对概念、公式和方法的选择不同，往往会导致过程的繁简程度存在差异。由于运算方案不同，学生应从合理上下功夫。所以，在教学中，教师要善于发现和及时总结这些带有规律性的东西，抓住规律，对学生进行严格的训练，使学生掌握这些规律，自然而然地提高运算速度。

数学运算只抓住了一般的运算规律还是不够的，学生必须进一步熟练掌握数学技能技巧。因为在运算中，概念、公式、法则的应用对象十分复杂，没有熟练的技能技巧，学生常常会遇到意想不到的麻烦。

此外，教师应要求学生掌握口算能力。运算过程的实质是推理。推理是从一个或几个已有的判断，作出一个新的判断的思维过程。运算的灵活性与思维的灵活性息息相关，且有利于学生迅速地产生联想、进行自我调整，并及时地对之前的思维过程进行调整。采用繁琐方式运算的学生一般无法灵活思考问题，不会随机应变，习惯性采用已有的套路，缺乏结合实际问题的条件和结论进行思考的能力。

（2）逻辑思维能力的培养

① 重视数学概念教学，让学生正确理解数学概念。在数学教学中，要定义新的概念，必须明确下定义的规则。在定义数学概念时，必须找出该概念的最邻近种概念和类差，启发学生深刻理解。这样一来，学生不至于在推理论证上由于对概念理解不全面而产生论证失败的情况。

② 要重视逻辑初步知识的教学，使学生掌握基本的逻辑方法。传统的数学教学通过大量的解题训练来培养学生的逻辑思维能力，除一部分尖子学生外，这对多数学生来说，收获是不大的。

③ 通过解题训练，培养学生的逻辑思维能力。通过解题，学生可加强逻辑思维训练，培养思维的严谨性，提高分析推理能力。要注意解题训练要有一个科学的系列，不能搞"题海战术"。

首先，要让学生熟悉演绎推理的基本模式——演绎三段论（大前提—小前提—结论）。由于演绎三段论是分析推理的基础，在教学中，学生可以进行这方面的训练。在教授数式的运算时，要求步步有据，教师在讲解例题时要示范批注理由。

其次，要训练学生的语言表达能力，提高准确性，并通过基本的推理训练，逐步从严格的演绎三段论式过渡到更常用的省略三段论式。这样的推理训练能帮助学生养成严谨的演绎思维习惯，不至于在进行复杂的推理论证时出现思维混乱的现象。

（3）解题能力的培养

解题能力主要是在解题过程中获得的，一个完整的数学解题过程包括三个阶段：探索阶段、实施阶段与总结阶段。

① 探索阶段。在探索阶段，学生的任务是弄清问题、猜测结论、确定基本解题思路，从而形成初步方案的过程。在处理一个具体的数学问题时，学生眼前往往会存在很多条件和有思考价值的解题线索，学生可以运用这

些条件和线索对数量关系或已知的数学规律进行分析。教师可以让学生从众多条件和线索中抓取头绪并形成逻辑严谨的解题思路的过程，以此训练和拔高学生的思维能力。在实际教学中，教师应该帮助学生学会从已学过的知识中理出逻辑线索，并练习数量关系之间的推演，使学生具备把问题的条件、中间环节和答案串联起来的能力，减少探索的盲目性。

具备猜测能力是获得数学发现的重要因素，也是解题所必不可少的条件。猜测是根据已知对未知的推断，具有一定的科学性，但也具有很强的假定性。在数学教学中，对学生进行根据已知数学条件和原理猜测未知的量和关系的数学猜测能力训练，对于学生当前和长远的发展都是有好处的。

② 实施阶段。实施阶段是验证探索阶段所确定的方案，最终实现方案，并判定探索阶段所形成的猜测的过程。这个过程实际上就是进行推理、运算，并用数学语言进行表述的过程。从一定意义上讲，数学可以被视为一门证明的科学，其表现形式主要是严格的逻辑推理。因此，推理是实施阶段的基本手段，也是学生应具备的主要能力。推理、运算过程的表述就是运用数学符号、公式、语言表达推理、运算的过程。

③ 总结阶段。数学对象与数学现象具有客观存在的成分。它们之间有一定的关联，可构成有机整体。数学命题是这些意念的组合。因此，数学证明作为展示前提和结论之间的必然的逻辑联系的思维过程，不仅能证实数学学习过程，更重要的是能强调理解。从这一观点出发，我们推崇解完题后的再探索。正如波利亚所强调的，如果认为解题完成就任务完成，那么人们将会错过解题过程中的一个重要且有益的方面，即总结。在这个阶段，学生必须进一步思考解法是否最简洁、是否具有普遍意义，问题的结论能否引申发展，进行这种再探索的基本手段是抽象、概括和推广。

第二节 高职数学教学的思维方法

一、数学思维方法教学中存在的问题

数学思维方法的探究在各种数学教学研究中如影随形，广大数学教师必须对其引起重视，但在具体教学过程中，在认识及教学策略上似乎还存在一些问题。

（一）认识侧重点存在偏差

我们认为，数学思维方法教学存在认识上的偏差，主要体现在处理知识与数学思维方法的融合过程及数学思维方法的内在联系上。

1. 数学思维方法与知识的关系

目前有一种说法是"知识只是思维的载体"，甚至有一种说法是"知识不重要，关键在于过程"。这与以往只重视知识的教学、忽略数学思维方法融合的认识相比似乎是一种进步，但这种认识如果走向极端，可能会导致学生的学习基础不扎实。实际上，在数学教学过程中，有很多场合，我们不能把知识与过程的关系一概而论，很多场合则是数学思维方法与数学知识并重。

2. 数学思维方法的内在关系

数学思维方法的内在关系处理有两个方面的意思：（1）数学思想与数学方法的关系；（2）很多数学问题含有多种数学思维方法，如何体现主要数学思维方法的教育价值协调。

目前，数学教学在这两方面存在重方法、轻思想和主次不分的认识偏差现象，针对这些偏差我们提出如下见解。

是否区分数学思想与数学方法的关系似乎并不重要，因为它们本身的联系非常密切。任何数学思想必须借助数学方法才能得以显性体现，任何数学方法的背后都将数学思想作为支撑。在教学过程中，数学教师应该有一个清醒的认识：学生掌握了许多问题的解决方法，但不知道这些方法背后的数学思想的共性情况。同样，学生有数学思想，但针对不同的数学问题却"爱莫能助"的情况也不少。

数学技能中有很多的方法模块，这些方法模块背后有一定层次的数学思维方法和理论依据。在解决具体问题时学生可以越过使用这些模块的理论说明，直接对其进行形式化使用，我们姑且称之为原理型数学技能。对数学中一些公理、定理、原理，甚至在解题过程中积累起来的"经验模块"等进行使用，能够使数学高效解决问题。为了建立和运用这些"方法模块"，教师首先必须让学生经历验证或理解它们的正确性。其次，这些"方法模块"往往需要一定的条件和格式要求，如果学生不理解其背后的数学思维方法，很可能在运用过程中出现逻辑错误，数学归纳法就是一个很典型的例子。

（二）教学策略认识尚模糊

尽管我们在数学教学过程中强调"一题多解""多题一解"等方面的训练，但教师对真正有策略的关于知识与方法的关系处理，尤其是关于数学思维方法的教学策略的认识似乎还欠清晰。我们在数学教学过程中关于数学思维方法的教学策略的认识需要提高，这方面的研究目前还缺乏系统性。

我们现在编写教材也好，教师上课也好，基本上是以数学知识为主线，而数学思维方法却似乎是个影子，忽隐忽现，其中的规律也很少有人去认真思考。我们不反对将数学思维方法"镶嵌"在数学知识和数学问题中，并以重复或螺旋形方式出现，但我们缺乏一些基本和认真的思考，数学思维方法教育几乎处于一种随意和无序状态，这恐怕有些不妥。数学思维方法的教学策略为什么会出现这样的现象？我们认为，有如下几点需要注意。

（1）数学思维方法的相对隐蔽特性使得它的隐现与教师水平"相协调"。要从一些数学知识和数学问题中看出其背后的数学思维方法，需要教师具备一定的数学修养，有的教师能够用高观点从一些普通的数学知识与数学问题中看出其背后的数学思维方法，而有的教师做不到这一点，这就导致数学思维方法的教学存在差异。

（2）数学思维方法教学的相对弹性化使得它的隐现与教学任务"相一致"。在数学教学过程中，数学知识教学属于"硬任务"，教师在规定时间内需要完成教学任务，而数学思维方法的教学任务则显得有弹性。如果课堂数学知识教学任务少，教师可以多挖掘一些"背后的数学思维方法"，反之则可以少讲甚至不讲。正因为数学思维方法具有这样的特性，所以数学教学可能产生以下两种后果。

一方面，如果教师能够高瞻远瞩，充分运用数学思维方法教育弹性化特点，他们就能够把知识教学与数学思维方法进行有效融合、融会贯通，达到良好的教学效果。

另一方面，如果数学教师眼界不高，看得不远，很可能会忽略某些重要的数学思维方法，而一些非主流的数学思维方法则会得到不必要的关注。

二、数学思维方法的主要教学类型探究

（一）情境型

数学思维方法教学的第一种类型应该属于情境型，人们在很多问题的处理上往往"触景生情"地产生各种想法，数学思维方法的产生也往往出

自各种情境。情境型数学思维方法教学包括"唤醒"刺激型和"激发"灵感型两种。"唤醒"刺激型属于被激发者已经具备某种数学思维方法，但需要外界的某种刺激才能进行联想的教学手段，这种刺激的制造者往往是教师或教材编写者等，刺激的方法往往由弱到强。为了到达这个目的，教师往往采取创设情境的方法，然后根据教学对象的情况，进行适度启发，直至他们会主动使用某种数学思维方法解决问题为止；"激发"灵感型属于创新层面的数学思维方法教学，学习者以前并未接触某种数学思维方法，但在某个情境的激发下，思维突发灵感，会创造性地使用这种数学思维方法解决问题。

情境型数学思维方法教学必须具备以下三个条件。

（1）一定的知识、技能、思想方法的储备。

（2）被刺激者具有一定的主动性。

（3）具有一定的激发手段的情境条件。

情境型数学思维方法教学的主要意图在于通过人为情境的创设，让学习者产生捕捉信息的敏感性，形成良好的思维习惯，将来在真正的自然情境下能够主动运用一些思想方法去解决问题。

外界情境刺激的强弱与主体的数学思维方法的运用是有一定关系的，当然，它与主体的动机及内在的数学思维方法储备显然关系更密切。就动机而言，问题解决者如果把动机局限于问题解决，那么他只要找到一种数学思维方法解决即可，不会再用其他数学思维方法了。而教育者要想达到教育目的，往往会诱导甚至采用手段，以使受教育者采用更多的数学思维方法去解决同一个问题。我们认为，高职数学教师应该以通性通法作为数学思维方法的教育主线，至于每一道数学问题解决的偏方，可以在解决之前由学生根据自己临时状态处理，教师在问题解决后可以采取启发甚至直接展示等手段以开阔学生的解决问题的视野。

任何一个数学问题都可以被理解为激发学生数学思维方法运用的情境。其实，教师在教学过程中，对于任何一章、一个单元、一节课，都有必要创设情境，其背后都有数学思维方法教育的任务，这一点在具体的数学教育中往往被教师忽视。

不管是一个章节还是一个具体的数学问题，这种以情境激发学生，使其运用数学思维方法去解决问题的最终目的是使学生在将来的实际生活中能够运用所形成的数学思维方法，甚至创设一种数学思维方法去解决相关问题。所以，我们现在的课程比较注重创设实际问题情境。要引导学生用数学的眼光审视、运用数学联想，采用数学工具、利用数学思维方法去解决实际问题。欧拉从人们几乎陷入困境的七桥问题构思出精妙的数学方法，并由此创造了一门新的学科——拓扑学;高斯很小就用倒置求和的方法求出前 100 个自然数的和，被人们传为佳话而写进教科书。因此，创设生活情境，让学生运用甚至创造性地运用数学思维方法去解决实际问题也是数学教师不可忽视的教学手段。

教师运用情境型数学思维方法开展教学，应该正确处理好数学情境与生活情境的关系，两种情境的创设都很重要。尽管现在新课程比较强调一堂课从实际问题情境中引出数学思维方法，但我们应该注意，都从实际问题引入往往会打乱数学本身内在的逻辑链，不利于学生的数学学习，而过分采用数学情况引入则不利于学生学习数学的动机及兴趣的进一步激发和实际问题的解决能力的培养，数学思维方法的产生和培养往往都是通过这些情境的创设来实现的。因此，我们要根据教学任务，审时度势地创设合适的情境并开展教学。

（二）渗透型

渗透型数学思维方法的教学是指教师不挑明数学思维方法而进行的教学，它的特点是有步骤的渗透，但不指明。

渗透型数学思维方法几乎贯穿于整个数学教学过程，教师的教学过程设计及处理的背后都往往含有很丰富的数学思维方法，但教师基本上不会把数学思维方法挂在嘴上，而是让学生自己去体验，除非有特殊需要，教师可以点明或进行专题教学。

（三）专题型

专题型数学思维方法教学指的是教师指明某种数学思维方法并进行有意识的训练和提高的教学。数学教学应该以通性通法为教学重点，如待定系数法、十字相乘法、凑十法、数学归纳法等，教师应该对这些方法足够重视。值得指出的是，目前对于一些数学思维方法，各个教师的认识可能不尽相同，因此处理起来就各有侧重。例如，有教师认为十字相乘法应用范围窄小，而将其在教材中删除，很多在"十字相乘法环境"中"培养长大"的教师却觉得非常可惜。我们认为，数学思维方法教学有文化传承的意义，我们以前津津乐道的十字相乘法、韦达定理、换底公式等方法在数学课程改革中继续发挥其应有的作用。

（四）反思型

数学思维方法林林总总，有大法也有小法，有的大法是由一些小法整合而成的，这些小法就有让学生进一步训练的必要，而有些小法却是适应范围极小的雕虫小技，有一些"雕虫小技"却也可以被人为地"找"或"构造"一些数学问题进行泛化，来"扩大影响力"，进而成为吸引学生注意力的"魔法"。因此，如何整合这些数学思维方法是一个很值得探讨的话题，而这些整合往往需要学习者自己进行必要的反思。学习者也可以在指导者的组织下进行反思和总结，这种数学思维方法的教学就是反思型数学思维方法教学。

三、思维方法培养的层次性

学生头脑中的数学思维方法到底是怎样形成的？如何进行有策略的培养？这些显然是数学教师应该关心的问题。数学思维方法很多，但培养层次高低不同，有的属于"小打小闹"，只需学生做到"一把钥匙开一把锁"

或"点到为止"，可有的是"无限拔高"而要求学生"修炼成精"。尽管任何一种数学思维方法形成的教学要求有高有低，但根据我们的观察，它们应该从低到高地经历不同的层次，也可以被称为经历不同的阶段，如隐性的操作感受阶段、孕伏的训练积累阶段等。

（一）隐性的操作感受阶段

学生开始接受一些数学基础知识及技能时一般采取"顺应"的策略，他们也知道这些数学知识及技能背后肯定有一些"想法"，但由于他们对这些新的东西"不熟"，他们一般就会先达到"熟悉"的目的，边学习边感受。而教师一般也不采取点破的策略，只让学生自己去学习，并用一些掌握知识和技能的"要领"对学生进行"点拨"，有时也借助一些"隐晦"语言试图让那些聪明的学生能够尽快地感悟。应该说，此时的数学思维方法的感悟属于一种自由的感受。直至感悟阶段，不同的学生感受各不相同。

"隐性的操作感受"主要有如下三个特征。

（1）知识的反思性极强，对数学知识和技能的获得方法的反思、对数学知识的结果表征和对技能的获得的观察、多向思考尤其是逆向思维的运用等，均需要学生边学习边反思。

（2）处于"意会期"的情形较多，这个时期的数学思维方法可谓"只可意会，不可言传"，尽管一些可以经由语言得以表达，但教师更多的是让学生去体验和感悟，给学生一个观察与反思的机会，以培养学生的"元认知"能力。

（3）发散度极强。对于"感悟性极强"的数学思维方法培养，教师应该给学生思维以更大的发散空间，而"隐性的操作感受"恰好符合这个要求，因为对人类已经发明或创设的数学知识及背后的思想方法进行重新审视和反思，往往能够提供给初学者一个创新机会，知识传授者不可以以自己已经定势的思维对学生进行直接的"引导"，这会限制或剥夺学生的"创造空间"，最好暂时保持"沉默"以换来学习者更大的"爆发"。

（二）孕伏的训练积累阶段

尽管教师能给学生一种"隐性的操作感受"，但由于学生的年龄特征及知识和能力的局限，如果没有进行必要的点拨，他们也很可能无法感悟到知识背后的一些数学思维方法，所以教师应该适时进行点拨。教师通过数学知识的传授或数学问题的解决，采用显性的文字或口头语言道出一些数学思维方法并对学生进行有意识训练的阶段被称为"孕伏的训练积累阶段"，其中"孕伏"是指为形成数学文化修养打下基础。在这个阶段，教师的导向性比较明显，该阶段是将内蕴性较强的数学思维方法显性化传输的一个时期，也可能是学生有意识地去"知觉"的阶段，是学生对数学思维方法感悟和学习的重要提升阶段。

处于孕伏的训练积累阶段的数学思维方法教学具有以下三个特征。

（1）显性化。教师"一语道破天机"，往往采用抽象和精辟的语言概括出学生所学数学知识背后的数学思维方法，使学生从"初步感受阶段"转为"豁然开朗"。

（2）导向性。教师在这个阶段的教学行为的导向性非常明显，教师不仅会使用显性而明确的语言概括出数学活动背后蕴涵的数学思想，而且会编拟一些数学问题进行训练，以增强学生运用某种数学思维方法的意识。

（3）层次性。教师根据学生在学习的不同阶段，采用不同层次的抽象语言来概括数学思维方法，他们经常采用"××法"等过渡性词语来表达一些数学思想。

我们认为在概括数学思维方法的时候应该特别强调"数学味"，体现其以数学为载体在培养人的思想方法方面的特殊价值，让数学思维成为人类思维活动的一朵奇葩。

第三节 高职数学教学的逻辑基础

一、数学概念

概念是思维的基本单位，是思维的基础。根据现代心理学的相关研究，大脑的知识可以被理解为一个"概念网络"，这个网络由概念结点和结点的连接构成。人们通过这个概念网络，能使概念得以存在和被应用，进而将复杂事物简单化、概括化或分类化。学生可以根据概念将事物按属性是否相同或存在差异进行分类和区别，进而了解事物之间的从属或相对关系，这就体现了概念形成的作用。在数学研究中，数学概念是其起点，是人们确定数学研究对象的依据。如果没有概念，数学也就不再是数学了。

（一）数学概念概述

1. 数学概念的定义

包括哲学、逻辑学、心理学在内的许多学科都以概念为研究对象，但是不同学科对概念的理解是不同的，概念在各学科的地位和作用也不一样。哲学家们把概念理解为人脑对事物本质特征的反映，因此他们认为概念的形成过程就是人对事物的本质特征的认识过程。

依据哲学的观点，数学概念是对数学研究对象的本质属性的反映。数学研究对象具有抽象的特点，因而数学是依靠概念来确定研究对象的。因此，数学概念可以被理解为数学知识的根基，它是构成各个数学知识系统的基本元素，同时也是梳理数学知识的脉络。因为有概念作为数学研究的基础，各类数学问题得以被人们剖析，数学思维得以顺利发展，各类数学问题得以解决。准确理解数学概念是掌握数学知识的关键，一切分析和推理也主要是依据概念和应用概念进行的。

2. 概念的内涵与外延

概念包括"质"的方面和"量"的方面，概念的"质"的方面即概念的内涵，主要反映事物是什么样子的；概念的"量"的方面即概念的外延，反映概念的适用范围，也就是概念反映了哪些事物。每一个科学概念都有其确定的内涵和外延，二者是紧密联系且相互依赖的。这就使得概念之间界限分明，可以相互区分。因此在教学时，教师要做到概念明确，不能混淆，不能偷换。从逻辑上讲，能够清晰认识概念的内涵和外延是基本要求，也就是能够辨别概念说的是哪些对象，并理解这些对象具有的本质属性。只有能同时明确概念的内涵和外延，才是真正明确了概念。

（1）根据传统逻辑的解释，概念的外延是一类事物的整体，这些事物是这个整体中的分子。在现代逻辑中，人们把这"类"事物称为集合，把"分子"称为元素。通过这样的方式，人们将对外延的讨论归为对集合的讨论。

（2）一些反映事物关系的概念，如"大于"等，它们的外延是一个有序对集而非单个事物，这种概念的外延就自然数而论。

（3）概念的内涵和外延是协同的，既有联系又相互制约。如果概念的内涵确定了，那么这个概念的外延在一定程度上也就确定了。反之，如果概念的外延确定了，在一定情景下，概念的内涵也就明确了。

（二）数学概念的分类

对概念的分类，是心理学家的一种追求，因为这是问题研究的一个起点。给数学概念分类的原因有二：在理论学习上，分析数学概念的结构可以帮助人们理解数学概念，进而为学习理论奠定基础；在教学设计上，根据不同概念类型，教师可以制定不同的更适合该概念学习的教学策略。

概念分类有不同的标准，对概念分类主要包括这几种方式：从数学概念的特殊性入手分类，突出数学概念的特征；从逻辑学角度进行分类，在一般概念分类的基础上对数学概念进行划分；通过学习心理理论对概念进行分类，以揭示不同概念学习的心理特征。从教育心理学的角度看，对概念进行分类，都是为概念教学服务的，围绕如何教的概念分类是人们追求的目标。

1. 抽象概念和广义抽象概念

有学者依据概念之间的关系，把数学概念分为原始概念、深度大的概念、多重广义抽象概念。数学概念间的关系有三种形式。

（1）弱抽象概念。在原型 A 中摘取其一个特征（侧面）并将其作为对象，对其进行抽象处理，获得一个比原型 A 结构更广的结构 B，这样具有这一特征的 A 就成为了 B 的特例。

（2）强抽象概念。在原型 A 的基础上为其增加一个特征，对增加了特征后的 A 进行抽象处理，得到一个比原型 A 结构更丰富的结构 B，这样具有 A 特点的 B 就成为了 A 的特例。

（3）广义抽象概念。在给概念 B 定义时应用了概念 A，则 B 对 A 抽象。

严格意义上讲，这不是对概念的分类，只是刻画了一些特殊概念的特征。它的教学意义在于，教师进行教学设计时可以重点考虑对这三类概念的教学处理，或将其作为教学的重点，或将其作为教学的难点。

2. 陈述性概念与运算性概念

在对概念结构的认识方面，认知心理学家提出一种理论——特征表说，他们认为概念或概念的表征的构成因素有两个：一是定义性特征，一是定义性特征之间的关系。定义性特征是一类事物共同具有的有关属性，被称为陈述性概念；定义性特征之间的关系则是通过运算性概念进行表达，即将定义性特征整合在一起的规则。定义性特征和它们之间关系的有机结合即组成一个特征表，有学者根据这一理论和知识的广义分类观，对数学概念进行了分类。

3. 合取概念、析取概念、关系概念

有学者依据不同属性构造的几种方式（联合属性、单一属性、关系属性），分别对应地把数学概念分为合取概念、析取概念、关系概念。所谓联合属性，即几种属性联合在一起对概念来下定义，这样所定义的概念被称为合取概念；所谓单一属性，即在许多事物的各种属性中，找出一种（或几种）共同属性来对概念下定义，这样所定义的概念被称为析取概念；所谓关系属性，即以事物的相对关系为对概念下定义的依据，这样所定义的概念被称为关系概念。显然，这种划分建立在逻辑学基础之上，以概念本身的结构来进行分类，这种方法同样适用于对其他学科的概念进行分类，因而无法体现数学概念的特殊性。

4. 叙实式、推理式、变化式和借鉴式概念

有学者认为理解数学概念需要对数学概念的内涵和外延进行全盘把握。不同的数学概念有不同的特点，分别对应着不同的理解方式和过程。据此，我们可将数学概念分为四类：叙实式数学概念、推理式数学概念、变化式数学概念和借鉴式数学概念。

叙实式数学概念主要有三类：原始的概念、不定义的概念或者难以准确概括其内涵或外延的概念。原始概念是如平面、直线等的概念，不定义概念包括算法和法则等，数、代数式等则属于外延定义概念的范畴。推理式数学概念描述概念与相关概念之间的逻辑关系本质，其中"同层有联系"是指在同一逻辑层次上的并列概念之间具有一定的逻辑相关性。变化式数学概念可以是在将原始概念作为基础定义后得到的概念，可以是通过字母

或符号来表达的概念，可以是在其他学科有典型应用的概念，还可以是在非数学学科背景下经过严格的逻辑提炼出的抽象表述的概念。借鉴式数学概念主要是从其他学科借鉴或引申的概念，或直接使用非数学学科背景的概念，或使用其他学科中的典型应用的概念。如导数、梯度和数学归纳法等概念的认知表征就是借鉴了其他学科的相关概念、学习方法和知识经验后得到的概念表述。

（三）数学概念间的关系

1. 相容关系

两个概念的外延的集合可以是空集，也可以是非空集。若是非空集，则说明两个概念的外延部分有交集，即这两个概念是相容的，相容关系一般分为以下三种。

（1）同一关系

外延集合完全重合的概念 A 和 B 的关系是同一关系。具有同一关系的概念在数学里是常见的。具有同一关系的概念从不同的内涵反映着同一事物。我们了解更多的同一概念，可以对反映同一类事物的概念的内涵做多方面的揭示，有利于认识对象，有利于明确概念。具有同一关系的两个概念 A 和 B，可表示为 A=B，这就是说 A 与 B 可以互相代替，这样就给我们的论证带来了许多方便。若从已知条件推证关于 A 的问题比较困难，我们可以改为从已知条件推证关于 B 的相应问题。

（2）交叉关系

外延集合部分重合的概念 A 和 B 的关系是交叉关系。具有交叉关系的两个概念 A 和 B 的外延只有部分重合，所以不能说 A 是 B，也不能说 A 不是 B，只可以说有些 A 是 B。有些 A 不是 B，这一点对于初学具有交叉关系概念的学生来说往往容易出现误解。如果我们在教学中抓住交叉关系的概念的特点，提出一些有关的思考题启发学生，就可以避免以上错误认识的形成。

（3）属种关系

若概念 A 的外延集合为概念 B 的外延集合的真子集，则概念 A 和 B 之间的关系是属种关系，这时我们可称概念 A 为种概念，B 为属概念。即在属种关系中，外延大的，包含另一概念外延的那个概念叫作属概念；外延小的，包含在另一概念的外延之中的那个概念叫种概念。具有属种关系的概念表现在数学里也就是具有一般与特殊关系的概念。例如，方程与代数方程、函数与有理函数、数列与等比数列就分别是具有属种关系的概念，其中的方程、函数、数列分别为代数方程、有理函数、等比数列的属概念，而代数方程、有理函数、等比数列分别为方程、函数、数列的种概念。

属概念所反映的事物的属性必然完全是其种概念的属性，例如，平行四边形这个属概念的一切属性明显都是某种概念矩形和其种概念菱形的属性。显而易见，属概念的一切属性都来源于其所属的种概念的共同属性，这种属性被称为一般属性，种概念有而属概念没有的属性则是种概念的特殊属性。一个概念是属概念还是种概念不是绝对的，同一概念对于不同的概念来说，它可能是属概念，也可能是种概念。

一个概念可以有多个属概念，一个概念也可以有多个种概念，并不是唯一的。如整数、有理数和实数都是自然数这个概念的属概念，正偶数、质数和合数都可以是自然数这个概念的种概念。在教学中，我们要善于运用这一点，以帮助学生明确某概念都属于哪个范畴以及又都包含哪些概念。要将有关的概念系统化联系起来，从而提高学生在概念的系统中掌握概念的能力。

2. 不相容关系

（1）矛盾关系

只有学好和运用好概念的矛盾关系，才能加深对某个概念的认识。比如，一个学生只有在不仅懂得了怎样的数是有理数，而且懂得了怎样的数是无理数时，才能真正把握无理数这个概念。在教学中我们要善于运用这一点，引导学生注意分析具有矛盾关系的两个概念的内涵，以便使学生在认清某概念的正反两方面的基础上，加深对这个概念的认识。

（2）对立关系

在整数范围内，正数和负数是互为反面的，如果有同学按这种思维将这种误解运用到反证法中，则必然会出现错误。具有全异关系的两个概念有反对关系和矛盾关系两种情况，比如有理数和无理数在实数范围内和复数范围内的全异关系就不同，分别是矛盾关系和反对关系。

同一关系、从属关系、交叉关系和全异关系共四种，在学科的概念体系中，任何两个概念之间必然具有以上四种关系中的一种关系。我们如果无法分清各概念之间的区别与联系，则无法做到真正明确概念。

二、数学命题

数学家一般通过命题的方式表示数学研究结果。数学命题往往是数学知识的主体，像数学中的定义、法则、定律、公式、性质、公理、定理等都属于数学命题。数学命题与概念、推理、证明密不可分，概念组成命题，命题揭示概念；推理获得命题，而命题又是推理的组成要素；证明的重要依据是命题，证明是确认命题真实性的有效手段。因此，数学命题的教学在数学教学组成中是必不可少的。

（一）判断和语句

判断是对思维有所肯定或否定的思维形式，例如，指数函数不是单调函数等。由于判断是人的主观对客观的一种认识，所以判断有真有假。正确地反映客观事物的判断是真判断，错误地反映客观事物的判断是假判断。

判断作为一种思维形式、一种思想，其形式和表达离不开语言。因此，判断是以语句的形式出现的，表达判断的语句被称为命题。因此，判断和命题的关系是同一对象的内核与外壳之间的关系，有时我们对这两者也不加区分。

（二）命题特征

判断处处可见，因此命题无处不在。命题就是对客观事物所反映的状况有所断定，它或者肯定某事物具有某属性，或者否定某事物具有某属性，或者肯定某些事物之间有某种关系，或者否定某些事物具有某种关系。如果一个语句所表达的思想无法被断定，那么它就不是命题。因此，"凡命题必有所断定"，可被视为命题的特征之一。

第四节　高职数学教师的专业发展

一、高职数学教师专业发展概述

对于"教师专业发展"概念的界定，可以说是仁者见仁、智者见智，尽管国外关于教师专业发展的研究比较早，相对来说也较为成熟，但是学者对"教师专业发展"的认识也并非一致，仍然是众说纷纭。

国内学者对"教师专业发展"的界定，也没有统一的说法。一些学者认为"教师专业发展就是教师的专业成长或教师内在专业结构不断更新、演进和丰富的过程"[1]。由于忽视教师自我的被动专业发展观的存在，一些学者提出了以教师本位为核心的教师专业发展观，这种观念重点关注了教师主体在教师专业发展中所扮演的重要角色与表现出的价值，并突出了教师专业发展在完善教师人格、实现自我价值中起到的重要性。概言之，它

---

① 章建跃. 数学学习论与学习指导 [M]. 北京：人民教育出版社，2001.

强调的是教师个体内在专业特性上的提升。因此，教师个体的专业技能、专业知识、专业情意、专业自主、专业价值观和专业发展意识等均是教师专业发展主要考虑的方面，这些方面由低到高逐渐提升至符合教师专业人员标准的过程就是教师专业发展的主要内容。

高职数学教师数学专业化结构包括数学学科知识不断学习积累的过程、数学技能逐渐形成的过程、数学能力不断提高的过程、数学素养不断丰富的过程。数学教师在职前教育中要保证学到足够的数学科学知识，要足以满足数学学科教学与研究的需要，足以满足学生的数学知识需求，这就要求高职数学专业课程的设置要全面合理。

高职数学教师教育专业化结构基本内涵为：高职数学教师专业劳动是一种创造性活动，但它更是需要具有教育学科知识的人来完成的综合性艺术，一个不具备这样素质的人是无法成为一名合格的高职数学教师的。因为高职数学教师需要将数学知识的学术形态转化为数学教育形态。高职数学教师需要学习教育学、心理学、数学教育学、数学教学信息技术、数学教育实习等理论和实践课程，这些课程知识均属于高职数学教师专业化的内涵。

二、高职数学教师专业化的必要性

（一）是现代数学教育发展的需要

教师职业的专业属性当然不像医生、律师等职业那样有那么高的专业化程度，但从教师的社会功能来看，教师职业确实具有其他职业无法代替的作用。从专业现状看，它还只能被称为一个半专业性职业。随着我国经济的快速发展，国民实力不断增强、社会对教育的需求越来越高，教师的素质、教师的专业化水平程度必然随之提高，教师的人才市场竞争也会越来越激烈，所以只有完全按照教师专业化职业标准进行选拔，才能保证教师人才适应社会发展需要的质量。

（二）是双专业性的要求

高职数学教育既包括学科专业性，也包括教育专业性，是一个双专业人才培养体系，因此数学教师教育要求教师的数学学科水平和教育理论学科水平都达到一定要求和高度。在我国高职数学教师群体中，达到双专业性要求的教师很少，大多数只停留在本专业水平。尤其是我国教师专业化要求还很不完善，无论师范院校还是其他非师范院校的大学毕业生都可以当老师，所以有些老师具有重点大学的学历或学位，拥有较扎实的数学基础功底，然而他们对于教学实践中"如何教"的问题还存在困惑，对教育理论课程缺乏系统的学习；也有一些教师，虽然他们会积累了较丰富的教学经验，但随着教育改革的深入，社会对他们数学专业知识的要求越来越高。

（三）是新课程改革的必然结果

新课程改革提出了很多全新的理念，其中很多理念可以说是对传统观念的否定，其必然会给现在的教师以很大的压力和不适应。教师的角色需要转变，科研型教师的呼声越来越高，研究性学习逐渐被重视起来。问题解决被列入教学目标，数学建模给老师的专业水平提出了挑战，这些在我国传统的数学教育中都是可以回避的。然而，面对课程改革，这些措施必须被妥善实施。因此，我国的高职数学教育改革能否成功，与高职数学教师专业化要求紧密相关。

三、专业化高职数学教师的培养

（一）抓好高师院校数学专业培养这个源头

数学教师专业化的第一步是数学教师职前培养，目前一线数学教师主要来自高师院校数学系的培养，因此专业化应是数学教师职前培养改革的核心，具体体现在课程设置与培养目标中。数学教育既非数学又非教育，而是数学教师专业化固有的本质特征，有数学就有数学教育的说法是不科学的。在数学教育中，数学肯定是核心，我们可将专业化的数学教师归纳为数学教育人，并用下列公式表述：数学教育人＋数学人＋教育人＋数学教育综合特征，这一表述为高职数学教师专业化指明了一种可能的途径。要实施好的数学教育，数学思想、数学思维、数学方法、数学文化、数学史、数学哲学等都是必需的素材。这些素材都依赖于数学，所以高师院校数学系必须开足数学课程。

（二）强调科研意识和科研能力

教学与科研也是颇有争议的话题。传统高职数学教学重教学、轻科研，致使高职院校对教师专业化的要求大为降低。在我国现有的高职教师中，有研究生学历的，有本科学历的，有中专学历的，有高中学历的，甚至有连高中学历都没有的（民办教师中），我们很少发现因为教学水平低而下岗或被开除的老师。或者可以说，如果没有较高的专业化标准要求，教学（当老师）是很容易的事情。

（三）走好教师专业发展阶段

教师专业发展共有五个成长阶段：第一阶段是从刚入职的新教师成长为适应性教师的阶段；第二阶段是适应性教师具备一定知识、经验后成长为知识型、经验型或混合型教师的阶段；第三阶段是教师逐步发展为准学者型教师的阶段；第四阶段是教师完成向学者型教师的蜕变；第五阶段是学者型教师最终成长为智慧型教师。由于发展条件和发展基础的不同，面对着不同的发展目标和要求，教师需要突破相应的困难和障碍，进而表现出不同阶段的发展特征。

1. 适应与过渡时期

高职教师的职业生涯是从适应和过渡开始的。身处这一时期的教师刚刚完成身份转换，对学校组织机构和制度文化尚未熟悉，对教学方法和学生评价方式还处于摸索阶段，并且还不能自如地与学生家长沟通且获取支持配合。他们还面临着来自学校管理层、同事、学生家长和学生个人评价的压力及同事之间各种各样竞争的压力，这种职业上的陌生感和心理压力的不适感很有可能让他们感受到职业理想与生存现实之间的落差和失落，体会到初入职场时常见的高投入低回报现象，进而使他们感到身心俱疲且内心焦虑无助，进而产生强烈的挫败感和消极逃避的心理，最终导致处于适应和过渡期的教师对自身职位的崇高度和价值感降低，并低估自身教学能力水平，具体表现为工作热情降低、专业认识错位和职业情意失控，这是教师专业发展水平较难突破的一个时期。在这个时期，教师刚刚开始将理论与实践相结合，他们需要掌握快速融入并适应学校教育教学工作的能力。要做到这一点，教师必须以积极的心态面对自身角色的转换，并正确认同学校制度和文化，尽其所能加快自身专业技能发展的速度。

2. 分化与定型时期

教师完成适应期后则会过渡到分化与定型时期。这个时期的教师虽然摆脱了初入职场的困窘，但他们的专业水平和业务能力在学校中仍处于相对低位的水平，处在这个时期的教师自身缺乏安全感，并且他们面临着更高水平的专业发展要求。随着教龄的增长，人们不再以宽容和同情的眼光看待处于这一时期的教师，他们开始与其他教师在同一起跑线上竞争，人们对他们的评价标准和要求提高，不再关注他们的工作态度，而是将关注的重点放在他们的工作方法和实际业绩上。初为人师的激情和甜蜜开始分化，一部分人在平淡之后会出现冷漠甚至厌倦的负面情绪，甚至会出现早期的职业倦怠现象；另一部分人则从曾经困惑和苦恼的阶段获得成长，进入收获和喜悦期，对职位的"悦纳感"增强，对专业发展的态度更端正、稳定且执着，有着自觉追求和发展的内在驱动力，同时外界的压力也能成为他们正向的发展动力。随着教学经验的不断提升，这类教师的专业发展进入快速提升期，开始朝着定型化方向发展，这部分教师由于教师个性类型的不同、生长环境的不同和所受同伴群体的影响不同，将进一步向教书经验型教师、知识型教师和混合型教师分化。

经验型教师是三种类型中人数最多的，他们在磨练出较好的教学技能并获得一定的成功教学经验后，不断突破自己的专业能力，教学经验丰富且具有个性，教学技能熟练且全面，会逐渐成长为专业水平和教学能力双突出的经验型教师；知识型教师则更关注系统理论的学习，虽然这些教师也同样关注教育教学技能的发展，但与经验型教师相比，他们继承了理论学习和发展的传统，在理论上更占优势，思想也更超前，但在现实教学经验和技能实践上不如前者全面和有效；混合型教师是这三者中数量最少的，他们同时注重理论学习和实践技能的发展，他们是前两种的混合，没有明显的特色但各方面齐头并进。

3. 突破与退守时期

经验型、知识型和混合型的教师在这一阶段开始进入相对稳定的发展时期，由于已经工作多年，他们对工作的新鲜感和好奇心开始减退，对职业的敏感和情感投入也开始减少，也因此他们所感受到的来自外部的工作压力也开始降低，职业安全感开始增强。他们拥有了熟练运用自己的经验和技术来解决日常教育教学中遇到的各种问题的能力，但也正是由于他们习惯运用自己的经验和技术，在工作中常常会出现思维定式和程序化的经验操作行为。这个阶段是教师的一个漫长的以量变为特征的高原期，教师往往面临工作任务重、干扰因素多和精力易分散的困境，其个人发展速度、水平提高程度和业务发展效果都不如前期令人满意，这是教师在这个阶段的主要表现特征，且教师专业发展的态度也会发生转变和分歧。有的教师对自身目前的职业发展较满意，开始将重心从发展工作转向追求生活；有的教师在无法实现向上突破的情况下开始妥协，开始保持现状，应付工作；有的教师虽然在专业发展上有继续突破的意愿，但陷入了对发展道路和策略选择的迷惘和困惑中，处于这个阶段的教师开始不同程度地进入职业倦怠期。再加上处于这一阶段的教师在年龄上处于谈婚论嫁、生儿育女的时期，家庭生活因素也是他们必须要考虑的重要问题。突破这一高原期，是这一阶段教师的共同任务和普遍追求。情感意志价值观、知识与技能的储备和过程与方法的把握是突破高原期的关键，教师们需戒骄戒躁，客观冷静、科学理性地看待高原现象，继续修炼内功，加强在专业发展上的自我主观意识。

4. 成熟与维持时期

成熟期的教师往往已经是当地教育教学领域的领军人物，具有工作经历深、教学水平高和理论功底扎实的特点，可表现出明显的稳定性特征，但同样也会出现朝着不同的方向分化。部分教师安于现状，部分教师转向教育教学管理工作，"教而优则仕"，有的教师会努力以担任校长或教育局局长等教育行政管理工作职位为目标，他们的工作兴趣由传统教师转向行政管理；有的教师认为自己的教育教学水平较高，可以功成身退，享受人生和生活，甚至认为到了赚钱养老的时候，于是其精力和兴趣不再专注于教育教学，不再为创新性的教育和研究工作艰苦奋斗，这就导致这部分教师在工作中出现大量的维持行为；还有部分教师依然保有继续发展的热情与行动，但由于受到个人生活环境、学术背景、工作经历、知识结构、教学个性、能力水平、兴趣爱好以及气质性格的制约，无法从原有经验和框架中跳出以实现自我超越，也就维持着原有水平相差无几的表现。这时坚持以科学发展观为指导的可持续发展道路就显得非常重要。高职院校可以成立学习型组织，启发教师的系统思维，让教师学会自我超越；可以培养学习型教师，让教师具有与时俱进、开拓创新的精神和永不满足、勇攀高峰的态度，并在科学研究项目的基石上，不断实现原始创新、集成创新和引进消化创新；可以建立具有实践意义的行之有效的操作系统，或鼓励教师开宗立派，在某一理论方面建言立论，构建自己的教育理论体系，成为一界学术权威。这样，教师便可完成从学习到整合、从整合到创造、从创造到应用、从应用到首创的量变到质变的过程，成功发展成学者型教师。

5. 创造与智慧时期

学者型教师的专业发展方向便是智慧型教师，哲学素养水平和眼界广度是本阶段发展的重要因素，而教师转型成功的核心标志是教师具有普遍意义的教育哲学体系的创造和教育理论体系的集成。在这一阶段，教师需要在个人的理论发展中找到一个合理的、可建立在更高思想层次上的逻辑起点，并从单一的实践经验和教育理论学科角度转移至系统性科学研究上，若能建立起自己的教育哲学体系和教育信仰，完成大智慧的实现，他们就抓住了阶段转换的关键因素，在理想情况下原创理论体系并建立相应的实践操作体系，二者融会贯通，使其成为真正的教育家。教育智慧体现了良好教育的内在品质，它综合体现了教师的教育理念、知识储备、素养水平、教育机制、教育风格、情感感知和价值感等各方面。

有教育智慧存在的教育有着和谐、自由、创造和开放的状态和尊重生命、关注个性、崇尚智慧和追求人生丰富的教育境界。教育智慧是教师基于教育教学规律，在漫长的教育实践、感悟和反思中挖掘的完美融合教育科学和艺术成就。

在实践教育教学中，教育智慧是教师对教育教学工作规律把握的能力，与深刻洞悉、敏锐反应并灵活机智应对问题的能力和创造性驾驭能力相结合的综合表现；从教育哲学的角度上讲，教育智慧是理性和宏观地对教育发展需求和人类发展目标的实现，是顺应时代发展背景和教育发展规律下的教育思想创新的实现，是一个集人类教育智慧之大成的教育思想体系创造性建设完成的实现。这种由教育智慧而发展的创造性教育思想体系有利于促进人类全面自由地完善和发展、社会的和谐和优化，最终能引导人类向更美好的明天不断发展。

四、高职数学教师专业发展的途径——反思

个人尤其是教师具备终身学习的观念是其实现信息化和适应学习型社会的必然要求，教师的职业性质和工作内容也决定了教师的生活方式必须包含学习，这应贯穿高职教师一生。教学反思和课例研究是高职数学教师促进自己专业发展可选择的方式。

教育反思是指高职数学教师用批判的眼光看待自己教育教学活动的过程和其中的行为，通过自身主动的分析和再认识的过程，实现自身专业发展。

通过反思，高职数学教师能有效地提高实践能力、教育能力并从中获得教育智慧。在对过去事件或活动进行回归和思考的基础上，教师要通过一个全新的理论认识自己。在反思过程中，教师会对比自己的认识和行为与社会其他人的认识和行为之间的差异，询问他人如何认识和评价自己，同时也会站在别人的立场上反观自己，在这个过程中完成解构与重构，并在此基础上提高自己的行动水平。高职数学教师应该让反思成为自己的职业习惯之一。

除了对教育教学实践活动进行反思外，教师的反思还应体现为在工作的对象、性质和特点等方面进行反思，如课堂教学反思、专业水平反思、教育观念反思、学生发展反思、教育现象反思、人际关系反思、自我意识反思以及个人成长反思都是数学教师应当进行的反思。每一种反思类型还可以再具体，譬如，课堂教学技能和技术方面、教学策略和结果方面以及教学道德和伦理规范方面都是课堂教学反思的反思分支范畴。按照时间顺序，教育教学反思还可以按课前、课中和课后的进程进行反思。

（一）反思环节

专业活动是高职数学教师提高自身专业水平和实现专业化发展的途径，对自己的教学进行全面反思是专业活动中的重要方面。教学反思是一

个循环过程，由以下五个环节构成。

1. 理论学习

教学反思需要适当的理论支持。在进行教学反思之前，教师必须进行相关理论的学习，相关理论包括教学反思的理论和教师职业发展的理论。这些理论的学习不仅要在进行教学反思之前，更要贯穿于教师的整个反思过程。如果在反思过程中，教师没有将相关理论作为支撑，仅凭经验进行反思，那么反思的效果只能是低水平的。

2. 对教学情境进行反思

教育反思是指高职数学教师用批判的眼光看待自己教育教学活动的过程和其中的行为，并主动进行分析和再认识的过程，这个过程存在于整个教学过程中。高职数学教师对自己的教学活动要从成功之处、失误之处、效果和自身成长等方面进行反思。在课堂上的成功点、突发的灵感值得教师去回顾和提炼，教师必须对教学中发生的不当和失误进行复盘和总结，还需要对自己教学活动效果的好坏进行复盘并思考采用新方法会产生怎样的效果等。另外，教师需要考量自身在教学过程中是否得到成长，自己的专业结构是否发生变化等。

3. 自我澄清

自我澄清在"以教学反思促进教师发展"中属于核心环节。在对教学活动进行深刻反思，尤其是在对教学中的失误和效果不理想的部分进行反思时，高职数学教师应当具备发现关键问题的能力并要能独立或在有专家、同伴帮助的情况下尝试找出这些问题出现的原因。

4. 改进和创新

在这个环节中，教师应当尝试对其发现的问题和问题原因提出新方法和新方案。对原有方法进行改进和创新，可以使高职数学教师的教学活动逐渐科学化和合理化。

5. 新的尝试

当高职数学教师把他们创造的新方法应用于教学活动中时，一个新的行动产生了，这就是一个新的循环的开始。因为一旦开始进行新的尝试，教师就需要学习新的理论，这样往复循环，高职数学教师的专业发展终将得以实现。

（二）反思方法

反思活动既可以独立地进行，也可以借助他人帮助更加自觉地进行。反思是个体以自身行为为考查对象的过程，需要借助一定的中介客体来实现，数学教师常用的反思方法有以下三种。

1. 反思日志

反思日志是一种直接且简易的实现数学教师自我监控的方式，它通过数学教师将课堂实践某些方面的内容和自己的所思所想诉诸笔端来实现。通过这种方式，数学教师可以更系统地对自己的教育教学观念和行为进行回顾和复盘，找到存在的问题，并相应地思考和提出问题研究方案，并更新自己的观念，使自己教育教学实践的方向得到改进并更加明晰。

反思日志的内容是多面的，它与实践主体（教师）、实践客体（学生）、教学方法等有关。例如，教师可以对学生进行分析，看他们是否掌握需备材料和是否掌握新的学习内容；对教材内容进行分析，看教材中是否有需要删减、调换或补充的内容；对教育教学活动进行总体评价，包括教学特色、教学效果、教学困惑等，并提出改进方案。

反思日志没有规定性的或者严格的时间限制，教师结合自身情况，可以按课写教学反思笔记，按周写教学随笔，按月写典型案例或公开课，按学期做课例或经验总结，按年写就一篇有质量的论文或研究报告，再往长时间说，教师每五年可以完成一份个人成长报告。反思日志也没有形式上的限制，常见的形式主要是点评式、提纲式、专项式和随笔式。点评式以教案为基础，教师需在其各个栏目旁边针对教师实施教育活动的实际效果简洁地加以批注和评述；提纲式从一个全面的视角对教师教育教学活动的成功或失败、收获或缺失进行综合分析和总结，一一列出；专项式则主要关注教育教学中最突出的问题，以事实为基础进行分析与总结，可帮助教师进行深刻的认识与反思；随笔式则可汇总教育教学实践活动中最经典最值得讨论的案例，以便教师对它们进行系统且深入的分析和研究，经过整理和提炼后形成自己的所思所感，并写成完整的篇章。

2. 听取学生的意见

以学生的角度观察自己，倾听学生对自己的意见，能使高职数学教师对自己的教学有更好的认识和进行更深刻的分析。如果一个教师能够做到在教学中持续听取学生们的意见，那么这名教师将会逐渐对自己的教学有新的观感。学生排斥说出自己的真实想法是教师征求学生意见路上最大的绊脚石，教师可以从两个方面入手解决这个问题：一是可以采取不记名的方式征求意见，二是需要教师给予学生安全感，与学生建立起平等的相互尊重和相互信任的师生关系和适合这种师生关系稳定存在的课堂氛围。另外，课堂调查表也是一种有效的收集学生意见的方式，这种方式可以帮助教师获得学生学习感受的相关情况，使教师在这些信息的基础上进行反思，进而反映在教师的教育教学行为上。

3. 与同事的协作和交流

对于教师而言，同事作为同行，像是自己的一面镜子，可以帮助教师反映日常教学水平，从而使其对自身教学进行反思，如邀请其他教师听自己公开的课堂、评课或听自己说课，或去听其他教师的课等都是很好的与同事互动的方式。其中，说课是指数学教师完成备课或上课工作之后，向同事说明自己如何对教材内容进行处理的，并给出理由，并解释自己对于问题的解决策略活动，这种策略可反映出教师对自己处理教材的方式方法有怎样的反思。评课则是教师与专家和同事一同观看自己的课后的教学录像，并在看录像的同时进行评课，运用这种方法，教师能更直白地看出自己在教育教学活动中有哪些优点和不足。

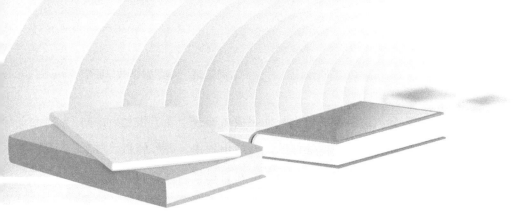

第三章
高职数学教学思想改革

本章研究的是高职数学教学思想方面的改革，主要内容包括高职数学教学与现代教育思想、高职数学教学与素质教育以及高职数学教学与数学文化教育。

第一节　高职数学教学与现代教育思想

一、现代教育思想的含义

教育是一种针对人类的有意识的社会实践活动。为了实现教育的目标，同时也为了让教育过程更加符合教育的客观规则，人们通过观察、思考和分析教育事件，并通过进行交谈、讨论和反驳，最终形成了一套普适、系统且深入的教育理念。换句话说，无论是零星的、独特的、表面的，还是系统的、全面的、深入的，人们对教育事物的各种理解，都可以被归类为教育思想。在较为狭窄的层面，教育思想主要是由人们的理论处理产生的，它具备深度的思考、抽象的总结、逻辑的系统性及现实的普遍性。

（一）关于教育思想的一般理解

教育思想在其形成的实际背景下，具备与人们的教育行为相关联的实际性和实践性特征。通常，人们往往认为教育思想具有抽象概括性、深奥莫测性，是远离教育的实践、生活和现实的东西。其实，教育思想与人们的教育实践和生活存在着根本性的联系，它的源于教育实践活动，是为了满足教育实践的需求而产生的，教育实践构成了教育思想的实际根基。总的来说，（1）教育实践构成了教育观念的根基，如果教育实践并未引发对特定教育观念的需求，那么该观念便无法在社会中被广泛传播和进步；（2）教育实践构成了教育观念的目标，教育观念是对教育实践过程的深度反思，是对教育实践活动规则的一种阐释和解释；（3）教育实践构成了教育观念的驱动力，历史上教育观念的兴衰更迭以及改革进步，都是教育实践推动的成果；（4）教育实践构成了衡量一个教育观念真实性的准则，一个教育观念是否具备真实性，基本上由其在教育实践中的检验来判定；（5）教育实践构成了教育观念的目标，教育观念正是为了应对教育实践的需求而诞生，教育实践确立了教育观念的走向。

教育思想在其内涵的视角下，拥有超越日常生活的抽象总结和理论普适的属性。无可争议，教育观念在宽泛的范围内，也涵盖了人们在教育活动中所积累的各类教育经历、感受、想法、观点等，然而在狭窄的领域，它只是指通过理论处理后，具备了抽象总结和社会普适的教育认知。在本书里，我们对教育思想的解读和总结主要是基于狭义的。教育经历既真实又生动，同时也极其珍贵。然而，它通常带有独特性、碎片化和表象化等特征，很难全面地描绘出教育过程的普遍法则和基本特征。教育实践的执行者需要教育经验，但更重要的是需要教育思维或理论的引领。教育思维因其抽象的总结、逻辑的系统性和现实的普适性，比起教育经验，更有助于教师阐释教育过程的基本原则、揭示教育活动的普遍法则。教育从业人员必须依赖于教育理论的引领，他们需要具备深远的教育观念、清晰的教育信仰和广博的教育知识，这些都可体现教育思想的理论价值和实际应用的重要性。

在社会环境中，教育思想与社会经济、政治、文化的环境和背景紧密相连，能呈现出社会性和时代性。人们的教育行为都是在特定的经济、政治、文化环境中进行的。因此，教育观念深刻地反映了社会发展的实际情况和需求，能呈现出社会性的特点。教育思想不仅与我们所生活的历史时期紧密相连，同时也能体现当前时期的情况和需求，进而展现其时代性的特点。在本书里，我们所探讨和学习的教育理念，不只反映我国教育事业的改革和发展需求，也与全球当前的经济、政治、科技和文化发展紧密相关，可以揭示全球当前教育变革的现状和思想趋势，具备我们现今社会和时代的特性。

从其历史的角度来看，教育思想具备对未来教育进步和实践的预测能力。这种思想源自教育实践，能为之提供服务，因为教育是一种为未来培养人才的社会行动，所以它拥有前瞻性和预测性。尤其在现代社会，人类的历史正在快速前行和发展，教育领域的进步更具有先进性和前瞻性，同时，教育思想的预测能力和引领作用也越来越突出。毫无疑问，教育思想也有着历史的传承性，它能够汇总过去教育实践的历史经验，继承过去教育思想的精神成果。然而，教育思想的基本目标上是服务和引导现在以及未来的教育实践。因此，教育思想在历史视角下可展现出更为显著的前瞻性和预见性。

（二）关于现代教育思想的概念

我们通常所说的现代教育观念，准确地讲，就是将20世纪中叶全球现代化的历史发展和人类的教育理念与实践作为时代背景，探讨中国当前教育改革的实际问题，并解析中国教育现代化的关键规则的教育观念。当然，学术界对于"什么是现代教育"和"什么是现代教育思想"，有着各种各样的理解和看法。本书着眼于我国教育现代化和教育改革实践的现代需要，并将从中概括出来的教育思想称为"现代教育思想"。另外，现代教育思想有着丰富的内容，我们只是就其中的一些内容进行了分析，其目的在于使读者了解对我国教育改革实践比较有影响的思想及观点，从而使读者提高教育理论素养，树立现代教育观念。从这种意义上说，本书所论述的只是现代教育思想的若干专题。

教育现代化的研究主要集中于我国社会主义教育的现代化。每一种教育理念都针对其独特的研究主题，也就是教育的具体问题进行探讨。本书提出的现代教育理念，主要针对我国社会主义教育现代化过程中的教育改革与进步，这也构成了我国社会主义教育改革与进步的教育观念。本书对科教兴国、素质教育、主题教育、科学教育、人文教育、创新教育、实践教育、终身教育及全民教育的理念进行了深入剖析，这些理念均源自我国现阶段教育变革与进步的经验，作者旨在寻找并解决当前社会主义教育现代化的现代性难题。教育现代化是我国当前教育改革和发展的目标和主题，我们的一切教育实践活动都是在这个总的目标和主题下展开的，所以说我们的教育实践是现代教育实践，我们探讨的教育问题是现代教育问题，我们概括的教育思想是现代教育思想。教育要面向现代化，我国正处于迈向教育现代化的历史进程中，我们的目标是实现社会主义的教育现代化。从人类历史发展的角度看，我们处于现代教育发展的历史阶段。根据这一点，我们可以把以我国社会主义教育现代化为研究对象的教育思想称作现代教育思想。

众所周知，社会主义教育的变革与中国的全面改革开放紧密相连，而社会主义教育的现代化则是中国社会主义现代化进程的重要一环。因此，我们提到的现代教育理论，其根植于中国的改革开放与现代化进程；我们对教育理论进行探讨，是在中国社会主义的经济、政策、科学、文化等方面的进步中进行的。教育作为一项社会工作，其目的在于推动社会的进步与发展。社会、经济、政治、文化、科技等各个领域都为教育的发展创造了必要的环境，并且也直接影响了教育的实际需求。我国在教育领域的改革与发展，以及教育的现代化目标，都深深地体现出我们在新时代的社会主义改革开放与现代化建设的需求。这些都是改革开放与现代化建设对人才和知识的强烈需求，可促使教育领域的改革与发展。换句话说，我们需要掌握的现代教育理念，其实就是中国的改革开放和现代化进程所需的教育观念。

近代以来，尤其是 20 世纪中叶以来，世界现代化的步伐和教育理论与实践的演变构成了现代教育观念的历史背景。本书总结的教育观念基于中国的社会现状和实际情况，但它们也紧密地联系在近代及 20 世纪中叶的世界现代化进程和教育理论与实践的演变中。中国的进步与全球息息相关，中国的现代化也是全球现代化的一个组成部分。教育需要"面向全球"，中国当前的教育改革和发展不只需要将全球现代教育的历史演变作为参考，还需要增强与全球各国的教育互动和联络，吸取并借鉴全球优秀的教育经验。历史上，伴随着现代工业生产、市场经济和科技的进步，全球各国之间的教育交流和联系逐渐增多，闭门造车地推进教育事业已经变得不再现实。实际上，我国当前的教育改革和发展与全球现代教育的改革实践和思想变迁有着紧密的关联。我们必须探索全球当代教育进步的普遍模式，并理解全球教育发展的普遍趋势。比如，我国推行的科教兴国策略就是在吸取全球各国现代化实践经验的基础上提出的，它揭示了近代以来人类现代化发展的普遍规律。例如，本书将探讨的科学教育理念和人文教育理念，不只是反映了我国现阶段的教育改革实践需求，同时也代表了近代以来全球教育发展的主流理念和趋势。为了全方位成长，现代人不只需要接受现代科学教育，还必须接受现代人文教育，这两者都不能被忽视。历史证明，对于现代教育来说，忽略科学教育或者过度强调人文教育都是极其不利的。简而言之，本书探讨的教育观念是建立在全球现代化的历史，尤其是当前的发展趋势上的，它与现代教育的理论和实践紧密相连，甚至可以被视为现代教育观念的一个重要组成部分。

二、现代教育思想的建设和创新

在我国教育现代化的当代进程中，学校教育教学和整个教育事业的改革和发展，都面临着教育思想的建设和创新问题。随着我国的改革开放和现代化建设步伐的不断推进，以及全球科技经济信息化、网络化和全球化潮流的涌现，我国的教育事业和教育实践将不断面临新的环境、新的挑战和新的条件。在这个时代背景下，教育行业固守和过分依赖经验是不可取的，我们必须强化教育观念的构建和创新，必须用新的教育观念来装备和提升自己，这是培养新型教育者的关键保障。

（一）关于教育的思想建设

一般说来，一个国家、一个地区或一所学校，其教育的构建应该涵盖三个核心领域：教育设施建设、教育制度建设和教育思想建设。要实现教育的现代化，我们需要努力推动教育设施建设的现代化、教学体系的现代化以及教学理念的现代化，特别是教学理念的现代化，它是教育现代化的思维框架、心理基础以及精神支撑。一些人把教育理念的构建比喻为电脑的"软件"，如果没有"硬件"的构建，那么整个教育体系也就无法运转。因此，在目前的教育改革和教育现代化的进程中，我们必须高度关注并积极推动教育理念的构建，并通过这种方式来指导和推动教育思想的构建和教育体系的构建。

教育思想是人才培养过程中最重要的因素和力量。说到育人的因素，人们想到的往往是教师、课程、教材、方法、设施、手段、制度、环境、管理等，事实上，教育观念才是塑造人才的关键元素和推动力。教育本质上是教师与学生之间的心理互动、精神对话、情绪交流、视角整合、精神一体化的过程。在这个过程里，教师正是凭借深远且稳固的教育观念、清晰且坚定的教育信仰、丰富且多元的教育情绪、民主且朴素的教育态度等，建立了与学生的互动、交谈、沟通、对话、理解、整合的教育"平台"。现在人们都知道一个朴素的教育真理：教师应当既做"经师"又做"人师"，教师要将"教书"和"育人"统一起来。仅仅掌握了学生需要学习的文化知识和部分教育技巧，并不足以被称为一个杰出的教师。杰出的教师需要具备独特的教育观念，这样才能指挥文化知识的传播、掌控教育技巧与策略，从而通过教育观念去吸引、启迪、鼓舞、指导、提高他们。如果缺少对教育的深刻认识，那么教师的教学行为将变得毫无生气、无法深层次发展、无法体现出精神、无法塑造个性、无法实现其价值，这样的教学方法便无法被称为真实的人类教学。所以，所有的老师都需要注意提升教育思想、加强教学理论的学习，以便他们能够转变为像教育专家一样的教学者。

在学校的教育管理中，教育观念扮演着至关重要的角色。谈及学校的运营，很多人会将其视为由学校领导授予的行政职责与权利，学校领导能够以此来组织、引导并管控学校的各项教育任务与资源，如设立规划、作出决策、安排各类活动、监督工作、衡量成果等。我们坚信，对于学校的领导与管理，最关键的因素与动力来自国家的教育政策及相关的行政职能与影响。只有具备这些，才能够成功地组建、引导与控制一所学校。尽管如此，知名的教育专家苏霍姆林斯基却持有不同的观点，他的一个核心理念是："所谓'校长'绝不是习惯上所认为的'行政干部'，而应是教育思想家、教学论研究家，是全校教师的教育科学和教育实践的中介人。校长对学校的领导首先是教育思想的领导，而后才是行政的领导。校长是依靠对学校教育的规律性认识来领导学校的，是依靠形成教师集体的共同'教育信念'来领导学校工作的。"[①]苏霍姆林斯基的这一理论在教育管理中具有深远的影响力，该理论揭示了教育理念在教育管理中的核心地位和独特价值。众多案例表明，教育权力如果缺乏教育思想，只会导致学校的混乱。那些无法将教育理念转化为自己的教育观念的校长，只能创办一所平庸的学校，而无法创建出高质量、有特色的优秀学校。虽然学校的发展需要提

---

① 苏霍姆林斯基. 给教师的建议［M］. 杜殿坤，译. 北京：教育科学出版社，1984.

升教育资源利用率、优化教学环境、建立和完善各类规章制度，但是我们必须强化学校的教育理念建设，必须塑造出学校独特的教育观念和思想。这是学校教育的精髓，也是成功运营学校的基础。

　　教育思想还是一个民族或国家教育事业发展的重要因素和力量。在国家教育事业的建设中，我们不仅要重视教育设施的建设和教育制度的建设，还要重视教育思想的建设。从历史上看，无论世界文明古国还是近代民族国家，在发展教育事业的过程中，都十分重视教育思想的建设。在形成民族教育传统及特色的过程中，它们不仅发展了具有民族特点的教育制度、设施、内容和形式，而且以具有鲜明的民族个性的教育思想而著称于世。在一个民族或国家的教育体系及其个性中，处于核心地位的和具有灵魂意义的就是教育思想。当我们说到欧美教育传统的时候，必然会提及古希腊和古罗马时代的一些著名教育家及其教育思想，如苏格拉底、柏拉图、亚里士多德、昆体良等；当我们说到中华民族教育传统的时候，必然会提及孔子、墨子、老子、孟子、荀子，以及他们的教育思想。历史上许多大教育家，都是以他们博大精深的教育思想，播下了民族教育传统的种子，奠立了民族教育大厦的基石。在致力于教育现代化的今天，虽然各国的教育建设和发展由于受科技经济国际化和全球化的影响而表现出越来越多的共性，但是它们都是通过具有民族传统和个性的教育思想建设，继承并扩展了本民族的教育工作。教育理念是民族教育传统的精髓，也是国家教育工作的基石。我们应该积极推进教育理念的建立，这是一个民族或者一个国家教育工作的根本和精神支柱。只有优化教育理念，我们才能为教育设备的建立和教育体系的构建提供理念指引和价值取向。

　　构建教育思想是一项繁琐的系统性工作，涵盖了许多领域或方向，并且与其他教育建设紧密相连，需要我们付出大量努力。对于教育者个人、学校体系及国家的教育事业而言，教育思想的构建具有各自的目标、任务、范围、内容、形态和手段，但基本上都涵盖了经验汇总、理论革新、观念刷新等步骤和环节。

构建教育观念，必须对现有以及历史的教育经验进行梳理，这是一个必不可少的步骤。无论个体的教师、学校体系或者全国的教育工作，在推动教育观念的构建过程中，都必须对现有以及历史的教育经验进行梳理。教育经验不仅是对教育实际情况的直观感知和理解，也是过去教育活动的历史演进和沉淀，它是教育理念构建的历史基石和现实根基。教育经验的实际性使其与众多教育从业人员的教学活动紧密相连；同时，教育经验也具备历史传承的特质，它是过去的教育传统在当今的教学活动中的延续和进步。教育思想的实际性确保了其与教育现状的关联，而其历史性则确保了其与教育传统的关联。在我们推动教育思想的构建时，绝对不能轻视或忽略教育经验，应该擅长从教育经验中洞察现状并紧密相连，从教育经验中提炼历史并延续传统，使得教育思想的构建深入到现实操作和历史传统之中，形成一个稳固的基石。对教育经验的归纳与整理，是教育观念的基石与根本，也是教育观念构建任务中的关键环节之一。

　　构建教育思想必须依赖于教育理论的革新，如果缺乏这样的革新，那么教育思维的构建便无从谈起。所谓的教育理论革新，就是针对未来的教育环境、发展方向、状况和问题进行研究，并提出新的教育理论、学说、观点和看法。构建教育思维模式是一个对未来的预测、前瞻，以此来建立一套能够引领当前教育实践以及教育事业的改革与发展的教育理论、观点、观念体系的流程。在这个过程中，我们不仅需要汇总教育的经验，更重要的是要对教育理论进行创新。教育工作是一项关注未来的工作，而教育的执行则是为了应对这个"未来"。在本质上，我们需要一种能够引领未来并且富有创新精神的教育理念。

　　当今的科技与经济社会正在快速转型与发展，对于现代教育的构建来说，我们更加迫切地需要对未来的教育理论与观点进行更新。对教育理论进行更新，可以扩大我们的眼界、确定我们的路径、巩固我们的基本知识、优化我们的知识体系、激发我们的生命力，让我们的教育思维更为创新化、前沿、预测化，更具备指导作用，这样才能促使我们的教育实践和全体的教育工作顺利地迈入未来。今天，随着中国积极推动教育变革与现代化，我们需要开拓视野，务实求真，对未来进行教育理念的更新。唯有始终保持对教育理念的更新，并以现代教育观念为引领，我们才可以持续加强教育变革，稳步推动中国的教育现代化。

　　构建教育的理念时也必须推广教学的知识，并刷新我们的教学观点。对于教育的改良与扩大，这并非只是一个让我们的教学方法和行动持续调整、优化、提升的阶段，也是一个让我们的教学理念持续刷新、创造、刷新的阶段。在构筑教育思维的过程中，不管是在哪个国度或者哪所学院，我们都必须促进教育理论的传播及对教育观点进行刷新。首先，我们需要运用科学的教育原则和前沿的教育观点来塑造人类的思维，使得众多的教师能够接触并探索最新的教育理论；其次，我们也需要激励众多的教师改革陈旧的教育观点，塑造出符合当下并且可面对未来的全新的教育观点。只有把科学的教育原则与前沿的教育观点融入所有的教师的教育信仰与行为准则中，我们的教育思维体系才能被稳固地植入到现实生活中，以引领我们的教育实践，从而形成对教育实践及其发展的巨大的精神驱动。在探索现代教育理念与思维方法时，校长与教师需持续塑造他们的教育观，并确立他们的教育理念、看法及信仰。这不仅是他们转变为教育专业人士所需，也是他们进行教育思维塑造的基础目标。推行现代化教学理论、激励众多教师不断刷新和革新自我，是构筑教学理论体系的关键职责与目标。

（二）关于教育的思想创新

　　随着科技的快速发展，知识经济的雏形已然显现，国家间的竞争愈加激烈。我们需要推行全面的素质教育，专注于推广创新型的教育，并且着重提升学生的创新意识与实际操作能力。面对此情况，我们同样需要努力推动教育理念的革新与更新，如果缺乏对教育理念的革新与更新，那么我们将无法以创新的方式推行全面的素质教育、构筑创新型的教育结构，以及培养具备创新精神的优秀人才。前文已经提到，在教育者个人、学校和国家的教育思想建设中，教育思想创新都处于十分突出的位置，是教育思想建设的一个重要环节。在当前的教育环境中，不管是在教育观念的构建方面还是在教育实践的进步方面，我们都需要对教育观念的创新给予足够的关注，并且要将其作为所有教育理论研究者和教育实践者的追求目标。

教育理念的创新是一个在新的历史、新的环境、新的状况下，运用全新的手段并以全新的角度、全新的视野，去研究教育变革与进步中出现的新状态、新事实、新问题，去寻找教育实践的新理念、新体系、新机制、新模式、新内容和新策略的流程。首先，教育理念的革新是新时代、新环境、新情况的必然需求。现代科技与经济社会的进步，正在给教育带来空前的历史背景和外部条件。因此，教育行业的成长及人们的教学实践都需要适应这个新的情况，掌握新的时代，满足新的需求。只有对教育理念进行创新，我们才能应对时代的挑战，进而更优秀地执行教育教学任务，推动教育领域的变革与进步。再者，教育观念的创新是对教育领域的发展以及人们在教育实践中遇到的新状况、新事实、新问题进行研究的过程。随着科技、经济及社会的不断进步，教育领域正面临许多全新的状况、事实和问题。例如，网络学习、虚拟大学、全面教育、核心教学、环保教学、校本课程、未来课程等，它们都是几十年前尚未出现的新的术语、定义、理论，代表了教育变革与进步的新状况、新的现象、新的挑战。假设我们没有深入探索当前的教育环境、真相、难题，没有更新对于教育的全新理念、独特见解、全新视角，那么，我们又该如何成为一名现代化的教育从业人员？另外，教育理念的创新体现为用全新的教育理念、方式，也就是从全新的思维理解的角度、全新的视域出发，去探索教育的变革与进步，以及在教学实践中出现的冲突与难题的进程。能否用新的思想方法、新的观察视角和新的理论视野探索和回答教育现实问题，是教育思想创新的关键所在。教育思想创新最主要的就是理论视野的创新、观察视角的创新措施。最后，教育思想创新应体现在探索教育改革和发展及教育实践的新思路、新办法、新措施上，应着眼于解决教育改革和发展中的战略、策略、体制、机制、内容、方法等现实问题。教育思想创新是为教育实践服务的，目的是解决教育实践中的矛盾和问题，从而推动教育事业的改革和发展。所以，教育思想创新要面向实践、面向实际、面向教育第一线，探索和解决教育改革和发展中的各种现实问题，为教育改革和教育实践提供新思路、新方案、新办法、新措施。教育思想创新是一个复杂的过程，涉及理论和实践的方方面面，我们只有认识其内在规律才能搞好这项工作。

教育思想的创新涵盖了多个领域，可以说它是教育的全部领域，也就是说，每一个教育领域都存在思想创新的问题。然而，根据本书对教育理念的分类，我们可以将其归纳为理论性的教育理念创新、政策性的教育理念创新以及实践性的教育理念创新。教育理论创新的核心是教育基础理论的改革，包括教育的本质、价值、方法和认知等各个方面，这些领域涵盖了教育哲学、教育经济学、教育社会学、教育人类学、教育政治学和教育法学等多个学科。在教育的基础理论领域中进行思维的革新，具有极其重大的理论与实践价值。这种革新通过对教育核心问题的理论进行刷新，加深了我们对教育核心问题的理解，从而为教育工作和教育实践奠定了新的理论支撑。政策性的教育思维革新是在大规模的教育政策领域中进行的思维革新，包括政府在教育改革和发展中的方向性政策和指导原则。设计所有的教育方针，不只是要应对我国教育领域的变革与进步以及其中的冲突和难题，还必须基于特定的教育观念来进行理论支撑。通过政策型的教育思想创新，我们可以强化教育决策及其政策的理性化和科学化，使教育决策及其政策适应迅速变化的形势，并越来越符合教育发展的客观规律。改革开放以来，党和政府制定的一系列教育政策（如科教兴国战略等）就是政策型教育思想创新的结果，这是新时期我国教育事业迅速发展的重要原因。教育实践的观念革新，主要关注教育与教学的实际操作，包括学校、家庭与社区的教育，还包括学校的经营与管理、课堂的教授，以及道德、知识、身心健康与审美的教育实际问题。在教育与教学的过程中，我们需要解决的不只是具体的操作准则、规定、手段、技巧等方面的问题，还需要优化我们的思维模式、价值取向、观点以及信仰。唯有持续地在教育与教学的过程中进行思维的革新，我们才能持续地改善教育与教学的准则与标准，并优化我们的教育与教学的手段与技巧。对于增强教育的品质与效果，实践性的教育观念的革新起着极其关键的作用。

在教育的理念革新上，我们必须给予足够的关注，还要深入探讨并付诸行动，然而，我们绝不可将之神秘化、理论化。事实上，教育理念革新覆盖了整个教育的范畴，任何一个教学环节或行为都离不开理念革新，同时，每位从事教学的人员也是理念革新的核心力量。在这个科技与经济快速进步并且快速转型的年代，教育的背景、流程、目标以及需求都在持续改变。无论是教育理论研究人员或者真正的教育实践者，他们都不应该故步自封，不能仅仅依赖以往获得的知识、经验、策略、技巧等，来应对新的情况和环境中的教育教学。知识经济时代赋予了教育事业新的历史使命，我国社会主义改革开放和现代化建设赋予了教育事业新的社会地位，党和人民群众赋予了广大教育工作者新的教育职责。我们应当深入探索和理解现代教育的观念，增强对现代教育理论的掌握，并致力于对教育观念进行刷新和对教育思维进行创新。要紧密跟随时代步伐，洞察形势变化，立足实际情况，用新的思维方式、观念和理念来探讨教育教学的实践问题，并提出富有创新性、独特性和实用性的教育教学改革方案和策略，以此推动我国的教育事业朝着现代化的目标快速发展。

总之，我国教育事业的改革和发展要求我们加强教育思想建设和教育思想创新，要求我们广大教育工作者成为有思想、有智慧、会创新的教育者，要求我们的学校在教育思想建设和创新中办出特色和个性来。我们应该无愧于教育事业，无愧于改革时代，不断加强教育思想建设和教育思想创新，用科学的教育思想育人，用高尚的教育精神育人，为全面推进教育作出贡献。

三、现代教育思想下的高职数学教学

（一）注重建立和谐师生关系

优秀的起点同样重要，高等职业教育的数学也不能被忽视。因为在高等职业教育的数学课程中，基本的概念通常会在课程的开始部分被阐述。比如，极限的概念，高等职业教育的数学就是以极限的观念为基础，将极限理论作为工具来探讨函数的一门学问。例如，函数的连续性和导数等理论。对于新入学的学生而言，这些基础知识是他们进入高职数学领域的关键一环，同时也是他们从"初级数学"过渡到"高级数学"需要掌握的知识。然而，由于大学和中学的教育模式、讲解手段、教材内容及教育策略存在显著的区别，大一的新生们在学习过程中可能会遇到诸多困难。另外，高职院校对高级数学不一定正确的态度，使得许多新入校的学子在刚刚接触到这门科目时便产生反抗和自卑等情绪，部分学子甚至对此产生畏惧。因此，当学生刚刚接触到高级职业技术学校的数学课程时，营造一个融洽的师生氛围能够协助他们战胜对学习的反感、害怕，这些都是对教育成效产生负面影响的心理阻力，同样，这种做法也能够增强他们对自己的学业成就的自信。身为一名老师，如果想要打造一个融洽的师生氛围，并且提升教育水平，可以从两个方面展开。

1. 尊重学生，建立平等的师生关系

尽管教师在授课过程中扮演着教育者的角色，但是学生作为一个独立的社会个体，他们的人格价值与教师是相同的。在新的时代背景下，教师的地位并非高高在上，他们不仅需要得到学生的尊敬，还需要对学生表现出同样的尊重。教师在授课时，必须严格控制自身的言行，绝不可以损害学生的自尊，特别是对于表现欠佳的学生，教师需要保持耐心，并对他们表示尊重。另外，在授课过程中，教师也应当公正地对待每个学生。这就

需要教育工作者在教育过程中优化传统的师生关系，培养公正和平等的观念，把尊重和信赖融入严谨的要求之中，从而构建一种友好和互助的关系。

2. 理解和热爱学生

教育家陶行知先生说："真的教育是心心相印的活动，唯独从心里发出来的，才能达到心的深处。"[①]这表明，教育与情感紧密相连，如果没有情感，教育便无法进行。高等职业学校的学生的世界观和人生观尚未完全成熟，但他们的独立思考能力和自我意识已经发展到一定程度，在这个阶段，他们特别希望能得到老师的理解和照顾。所以，教育工作者需要明白学生的需求，并提供恰当的照顾，这样，他们才能赢得学生的信赖。除了对学生理解，教育工作者也应该对自己的学生充满热爱，赞赏他们的优点，这对推动他们的成长大有裨益。课堂是教育工作者与学生交流的主要平台，教育工作者常常过分强调在课堂上传授知识，却忽视了情感的互动。教育工作者的深度解析、耐心细致的回答，都能让学生体验到教育工作者的关怀。教师的眼神和言辞能让学生体会到他们对学生的信赖和期待，以及他们对学生学习成功的期待。这种方式可以消除学生对学习的心理阻碍，强化他们的学习自信和战胜困难的决心，从而增强他们的学习积极性和主动性。

（二）注重启发式教学

在授课过程中，我们需要强调激励的作用。当前的教育理念是"以学生为核心，由教师引领"，要践行这一理念，关键在于激发学生的学习热情，而学生的学习热情与教师的引领角色有着紧密的联系。所以，强调启蒙式的教育方法可以激发学生的学习热情，从而增强他们的学习技巧。在教育过程中，我们需要将人放在首位，把学生视为主导者，并且应该给予他们

---

① 陶行知. 陶行知教育名篇［M］. 北京：教育科学出版社，2005.

更多的自我思考的机会和时间，确保真正地以学习为核心，而不是仅仅关注教学。在此，启蒙式教育是在传授知识的同时，激励学生主动投入到学习过程中，让他们多思考、多质疑、多提问，这与传统的教学方法并无冲突。

高职数学的主要教学内容是基础理论，这些理论涵盖了基本概念、基本定理、公式和法则，学生需要积极地对其进行思考。通过这种方式，他们能够将新的知识与已有的知识相结合，并通过抽象和推理，形成新的关系，从而重塑他们的认知结构，这是基础理论教育的核心所在。教师的主导地位体现为他们可增强启发性，通过引导，教师可帮助学生完成这一认知过程。在教师的激励下，学生能够进行思考和讨论，从已有的知识中逐渐找到解决问题的方法。同时，新的知识也会被展现在学生面前，使得学生获得积极参与的体验，并且学生的思维能力也会得到相应的提升。

（三）注重情境教学法

高等职业教育的数学课程主要依赖于讲解，由于实际环境缺乏多样性和活力，该课程很难刺激学生的思考。学生通常只是被动地接受知识，这可能会导致他们的思考变得懒散。然而，在课堂教学过程中，教师可以通过创设情景来激发学生的积极性，提升他们的学习热情，让他们能够自我驱动地学习。因此，教师可以通过引用学生相对熟悉的案例来传递新的知识。比如，当讨论定积分的运算时，教师可以从学生们已经熟知的变速直线运动这个知识点出发，引入牛顿-莱布尼茨公式。当学生回顾导数学习过程中的位置函数与速度函数在变速直线运动中的关系，以及物体在一段时间内的路程函数时，他们可以推测出积分与原函数的关系，并进一步总结出积分与原函数的关系的普遍性，从而总结定积分的计算公式。在这个过程里，学生参与了知识的构建和发展，他们的分析、抽象和总结能力会得到提升。学生不仅会掌握知识的内容，还会熟练运用科学的思考技巧，同时他们的独立思考能力也会得到培养。通过这种引导和接下来的讲解，我们可以看到数学知识的探索、扩展和优化的思维流程，并揭示从总结现象、寻找问题、提炼理论、解决问题的整个过程。这种教育方式有利于强化学生的科研技巧和创新精神，同时，学生也能真实地参与到知识的构建过程中，从而激发他们的学习热情。

此外，教师可以在相关章节中介绍一些数学历史的知识，从而增进学生对数学的理解。例如，在讲解极限理论时，教师可以介绍《庄子·天下篇》引施惠语："一尺之棰，日取其半，万世不竭"[①]。显然，在两千多年前，人们就已经提出了无限的观念，并且找到了接近零但并非零的数值，这就是极限的定义。这种讲解不仅能够活跃课堂环境，还能深化学生对知识的理解，同时能让学生了解到古代中国数学的成就，使学生接受爱国主义的教育。在高职数学课程中，复杂的变化过程往往无法通过传统的黑板教学来完全呈现，此时教师可以考虑将多媒体教学作为辅助教学方式。利用多媒体，我们能够将复杂的变化过程以直观、生动的方式呈现给学生，以激发他们的学习积极性，增强他们的学习兴趣和专注力。比如，在讲解积分的概念时，我们经常会引用"求曲边梯形面积"这个示例，但是板书方式并不能完全展现出区间无限划分这一抽象的极限思想。然而，多媒体可以逐步增加划分区间的数量。在动态图像的持续变化中，学生可以感受到从有限到无限、小矩形面积逐渐接近小曲边梯形面积的极限过程，这可以让他们深刻理解"分割、近似、求和取极限"的微元法思想。

（四）注重知识的应用

在开展高等职业教育的数学教学时，我们的教育策略主要集中于阐述概念、解释定义、验证公式、进行运算推演。这门课程的核心内容是理论，并且其知识的灌输并无任何挑战。然而，因为数学符号抽象、逻辑性强、理论含量高，一些学生往往选择退缩，经常出现的情况就是：他们虽然了

[①] 李云华. 高职教育文化建设与发展路径探索［M］. 汕头：汕头大学出版社，2020.

解数学的重要性，并且认同它对于提升思考能力、保持严肃的态度及进行精确的推断的价值，但他们并未清楚地了解数学的应用范围。大部分的学生并未充分了解数学的实际运用，他们并未真正领悟其重要性，也没有明确的学习目标与驱动力。"数学无效"的看法已经长期存在，因此提升高等教育中的数学运用能力显得尤为重要。为了唤醒学生对高等职业教育数学的热情，教师要让他们明白数学的重要性和实用性。因此，教师需要在课堂上首先详细解释、阐述基础概念、定义、公式、方法，然后在教学过程中适时插入与课程内容相关的数学应用实例。同时，随着高等职业教育数学教学改革的推进，培养学生运用数学的观念和技巧已经变成数学教学的一个关键环节。

数学建模的方式直接与现实相关，贴近日常生活，它是一种常见的解决实际问题的思维策略，可显示数学在处理实际问题上的关键影响。借助数学建模，学生不仅能认识到数学在各个学科领域的重大作用，也能理解学习数学的价值、提升他们对数学的认知，这对于激发他们对数学的热爱非常有帮助。在高等职业教育的数学课程里，融入数学建模的理念，并加入一些富有活力的建模实例，有助于激发学生的积极参与精神。通过对实例进行解读，教师可以增强学生的学习技巧和数学运用技巧，并使他们认识到"数学是日常生活的必需品"，从而激发他们对数学的热爱。比如，在研究微分方程的过程中，我们可以引入人口增长模型和溶液淡化模型，这两个实例可展示其他学科对数学的依赖性。再比如，当我们教授零点存在定理时，我们可以向学生提出这样的问题：在不平坦的地面上，能否将一把四脚等长的矩形椅子放平？这是一个生活中的例子，学生可能会觉得很熟悉，并且这与他们的日常生活紧密相连。那么，如何将这个问题与我们今天所学的数学知识相结合呢？首先，我们可以进行一个简单的实验，发现椅子是可以放平的。这个实例是否能被解释为偶然现象或者必然现象？是否存在理论依据？如何运用数学知识来阐述呢？通过这样的疑问，教师可以激发学生的兴趣和求知欲，然后再进行讲解。这个实例不仅能激发学生的兴趣，也能让他们认识到数学的实用性，同时也有助于他们对知识的理解和认识。

此外，我们可以适当提高高职数学教材习题中应用题的占比，特别是那些与专业实际和当前经济发展紧密相关的应用题。在授课过程中，教师还可以多举一些数学知识在各个行业中具体应用的例子，这就需要教师自身扩大知识面。

第二节　高职数学教学与素质教育

一、素质与数学素质

素质是指个体在遗传基础上，通过训练、教育和参与各类社会活动而塑造的生理、体能、心理、思考、政治、思想及意识形态特性的总和，是个体从事社会实践和专业活动所展示的知识、经验和行为的总和。也可以说，素质是由个体的生理解剖特征、现实身体特征、个性心理特征、思维结构特征和思想表现特征构成的一个整体。具体来说，素质有四方面内容：第一，素质显示为最稳定的人类品质，涉及熟练的手、精致的器官，能产生人类智慧的大脑；第二，素质显示为较稳定的需要品质，如注意力、兴趣、情感与情操以及顽强的意志力等；第三，素质表现为更稳定的思维品质，如感官能力、观察能力、记忆力、创造力、形象思维和想象力思维能力等；第四，素质显示为稳定的思想品质，如世界观、生活态度、理想、信仰、价值观、道德观以及不同的习惯。这些基本素质是在教育和社会生活中逐渐形成的人格特质，是人类学习和工作的必要前提。

实际上，素质是在剔除所有外在因素后，隐藏在人的身心之中的品质元素，现在我们所用的"素质"一词已经具有了明确的扩展含义。"素质"与"禀赋"的区别在于，后者只关注了先天条件的一面，而素质则是在个体的社会实践中逐步成长和发展的，并非永恒不变。人的内在知识和能力被称为素质，主要涵盖思想道德素质、文化素质及职业素质。这个概念是指一个人在政治、思想、工作态度、道德素养、知识和能力等方面经过长期的学习和提升达到特定的水平。它是人类相对稳定的特征，可以持续影响甚至在人们的不同行为中发挥关键作用。那么，数学素质是什么？在数学领域，人们对于数学素质的理解各异。美国的数学教育标准将数学素质定义为：明白数学的重要性，对自身的数学技能抱有信任，具备处理数学问题的才能，并且熟练运用数学思考方式。数学素质是一种持久的心理状态，主要涵盖数学知识、技巧、能力、观点以及品格的修养。具体来说，数学素质包括五个方面的内容：（1）数学基础知识、基本技能；（2）数学思维方法；（3）数学思维品质；（4）应用数学的意识；（5）辩证唯物观。张奠宙教授带领的数学教育研究团队认为，数学素养涵盖四个方面：理解知识、发挥创新、培养思考能力及运用科学语言。在开展数学素养的教育过程中，我们需要注重提升学生的智慧、个人特点及审美水平。在当今的高级文化环境下，我们无法仅依赖于定量方法去优化我们的物理和心理环境，因此，数学便是我们卓越的智力成果的体现。数学素质能增强学生的基础数学技巧，也就是说，它能为他们更好地适应社会、投身于生产以及深入研究提供必备的数学基础理论和实践技巧；同时，提升个体的数学修养，也是增强全体公众素养、扩大人力资源的策略的关键环节。

　　一些人认为，数学素质的含义主要体现在四个层面：（1）基础的数学理论与技巧；（2）清晰的数学观念与思考；（3）恰当的数学策略与语言；（4）一些数学技巧和学习方式。不管从何个角度去看，数学素质都是由数学观念、文化、数学技巧和创新才能等基础元素构建的基础特性。数学素质的目标是塑造一个人的数学文化或者数学观念，这是一个普遍的观点。然而，随着数学在工程技术领域的显著应用，其原有的工具特性日益凸显，以至于人们开始忽视另一个更为关键的文化特性。在高等职业教育的数学课程里，我们需要培养的数学素质涵盖理解、概念化、观察、实践以及技巧。作为一门拥有深厚逻辑性的学问，我们称之为理解力的特性，它主要体现为其逻辑推导的才华及对其的转化能力和空间创新的才华。

数学能力象征着参与数学学习和运用数学知识的个体的"根基"及"持久的潜力"，这是由天生的遗传因素和后天的数学文化成果共同塑造的，也是数学文化知识深入个体内心的产物。它依赖于天生的遗传元素，可在后天的数学教育和环境的作用下，通过个体自我的认知和实践，使得数学文化知识在个体中得以内化，从而逐步塑造并提升个体的数学特性和品格。也就是说，数学能力是由自然遗传和数学文化的交互影响所形成的，它是教育意义上的动态的、主体的概念，从教育教学目的角度分，它具备两种不同的层次：一种是宏观目的，指长远目的与总目的；另一种是微观目的，指近期目的与具体目的。例如，教师对几何这门学科的讲授，其宏观目的是使学生理解和掌握几何学的基础知识和体系结构，学会逻辑推理论证方法，培养学生的逻辑思维能力和空间想象能力，使其能把有关知识应用于实践之中；其微观目的则是具体到几何学里每一个局部的知识内容与微观数学能力的认识和培养。

根据现代人对素质的理解，素质主要涵盖三个不同的方面：首先是身体素质；其次是能力、科学精神和科学态度等心理个性素质；最后是社会文化层面的素质，包括政治思想观、道德行为规范、文化科学知识和审美观念情绪等。数学素质的构成元素包括三个不同的层次和它们各自的要素在数学中的体现。从数学的含义和功能来看，数学既是科学也是技术，既是文化也是艺术，既是语言也是工具。数学的内容涵盖了诸如数学难题、数学概念、数学观念、数学技巧、数学运算及数学之美。如果我们从数学的诞生和进步、数学的探索和创新、数学的研究和教育，以及人们对数学的理解和运用的视角来看，那么数学就不只是一种行为、一种思考方式，更像一种富有创新的艺术。所以，数学的内容应当包含数学的思考、空间的构想、数学的认知及科学的精神。

由于数学具备隐秘性和深层含义，我们很难直接了解一个人的数学素养的构成。然而，既然数学素养是某种数学文化对个体产生影响后形成的，那么由于每个人的遗传生理基础、生理潜力、主观努力水平各不相同，他们所处的具体数学教育环境和条件也各有差别，这就使得每个人在数学素养上都会有所区别，并可呈现出各自的数学品质特点和数学素养的面貌。数学素质是人的整体素质的核心和重要组成部分，代表了人类的特殊品质。这种素质的无形和潜在影响是其他素质无法比拟的。它可塑造无形的灵魂，赋予真理生命，点燃思想的火花。在复杂的事物和现象中，数学找到了共同点，探索了本质，实现了抽象化思维。这是人们理解世界的最基本思维方式，是选择、组织、应用和拓宽知识不可或缺的素质和能力。

数学素质的构成要素主要包括三个基本方面，具体如下。

第一，数学情感意向性素质，也就是那些能够决定数学行为走向及个人目标的特质，如个体对数学的热爱、数学的认知、数学的审美趣味、数学的价值取向、理想、追求及需求等。这些特质是个人数学行为的心理元素，也是个人学习、运用和创新数学的驱动力。它们是个人实现数学文化知识的内化、形成和发展数学特质的关键和基础，也是培养个人数学特质的指南针和推动力。

第二，数学智能素质，也就是个体在获取数学知识、熟练运用数学技巧与思考策略、强化这些技巧并培养这些品质的过程，同时教学智能素质也涵盖了以数学审美观念为核心的数学与人文品格。这一品格直接影响着个体在进行数学行为时的品质与效益，可反映出一个个体的数学品格的优劣，是数学品格的核心，而在这个过程中，数学能力因子则占据着数学智能品格的关键位置。

第三，个性心理素质是由生理因素、环境影响及数学文化教育的塑造所构成的，它体现为个体在学习和应用数学时的心理行为特征。个体心理素质与认知、情绪、意志等有着紧密的联系，是在其他素质的塑造过程中孕育出来的，同时也会影响其他素质的选择路径和发展潜力。优秀的个人心理特质涵盖优秀的学习习惯、态度、坚定的决心及科学的世界观和方法论等。其中，科学的世界观和方法论是数学教育形成和发展的主观条件和基础。

这三个要素是相互关联、相互影响的，可构成一个整体，它们是数学素质整体结构中不可或缺的三个子系统，在主体的数学活动中各自扮演着角色。其中，人格心理素质是整体结构中的基础组成部分，如果缺失它，其他要素的生成和发展就会受到影响；数学智能素质是主体数学素质的体现，它决定了主体数学活动的品质和效率，是整体结构中的智能系统，同时也是数学素质结构的关键部分；数学情感意向性素质在主体数学素质的培养中起到了决定性和推动力的作用，是整个系统中的动力倾向结构。从教育心理学的视角来看，学生的学习过程不仅是一个知识的获取过程，也是一个情感的学习过程和意志的学习过程。情感意向性素质能够引导、保持、调整和增强主体的数学行为，具备其他素质无法取代的作用。

二、素质教育与数学素质教育

目前，关于素质教育的讨论正在全面展开。20 世纪 80 年代后期，在过去的教育改革中，中国提出了素质教育的概念。在 20 世纪 90 年代初，人们开始进行素质教育和素质教育的大规模讨论，这种讨论一直持续到现在。素质教育是人们针对"应试教育"提出的，它的提出是社会高度重视人民素质的产物，也是教育自身发展的必然趋势。

（一）素质教育及其本质和特征

人们关于素质教育的研究产生于 20 世纪 80 年代早期，于 20 世纪 80 年代后期明确提出。近年来，它被定义为"素质教育是为实现教育方针规定的目标，着眼于受教育者群体和社会发展的要求，以面向全体学生、全面提高学生的基本素质为根本目的，以注重开发受教育者的潜能，促进受教育者德、智、体诸方面生动活泼的发展为基本特征的教育"①。因此，素质教育本质上是一种旨在提高全民族素质的教育。素质教育是一种层次更高、程度更深的教育。从某种意义上说，素质教育是全面发展的教育，是为实现人的全面发展而形成的一种新的教育理念。素质教育不是一种教育类别，而是一种教育思想。这些年来，我国素质教育思想的形成，经历了从注重知识传授和能力培养转向注重人格健全和人的全面发展的过程。在这个过程中，人们对素质教育有过各种各样的意见和表达，但应该说素质教育是针对学生的身心特点，用符合教育规律和学生身心发展规律的办法，对学生进行塑造和引导的教育，是全面提高学生的思想品德、科学文化和身体、心理、技能素质等水平，培养学生能力、发展学生个性的教育，是通过教育活动发展人的主体性、创造性，提高主体的认识能力和创新能力的教育。

素质教育的核心理念是提升整个民族的素质，其目标是推动所有学生的全方位成长，其主要任务是培养学生的创新思维和实践技巧，并将道德、智力、体育和审美教育融为一体，贯穿于整个教育过程和各个阶段，从而确保每个学生的素质得到全方位的提升。它是一种动态的终身教育观和终身学习观，素质教育不仅关注受教育者的眼前情况，还关注受教育者一生的发展。素质教育不仅强调受教育者的全面和谐发展，还尊重受教育者的个性差异，强调因材施教，不仅注重知识的传授，还注重受教育者对知识的运用和创新，具备民主、开放的教育观。

1. 素质教育的本质

素质教育的核心目标是提升全体公民的素养，这是从教育哲学的视角对于教育领域中的素质教育理念的阐释，它对素质教育与其他形式的教育进行了区别。比如，它清晰地划分出了素质教育和考试教育。考试教育的

---

① 陈强. 高职教育立德树人理论创新研究［M］. 昆明：云南大学出版社，2020.

宗旨是"为了考试而教导，为了考试而学习"，这样做可以让某些学生达到某种程度，但它只能是单一的，是以牺牲其他领域的进步为代价的。素质教育为了提高人们的素质，使所有有助于培养学生身心素质的学科和活动都受到了高度重视，强调整体发展潜力、心理素质培养和社会文化素养训练的整体教育。素质教育注重提高全体公民素质，能通过连接和整合各级教育，塑造每个公民的终身发展观，而应试教育目光短浅，过分注重学生的考试成绩，违反了教育规律。素质教育中的"应试"与应试教育中的"应试"有本质区别。应试教育以"应试"为目的，强调通过不断灌输、不断增加学生负担等手段来对待考试，而素质教育中的"应试"只是一种考验、一种反馈和锻炼，重在提高所有学生对待考试乃至生活中各种考验的能力，强调培养所有学生的心理素质，这种能力和心理素质必定要以学生对知识的主动探索、深刻理解、融会贯通并能熟练运用为坚实基础。搞素质教育不是不强调参加考试，也不是使学生害怕考试，在学生的整体素质提高后，考试对他们来说只是一项普通的书面作业罢了。

素质教育中"以人为本"的"人"是指每个活生生的人、生活在现实社会中的人，强调人的完整的存在方式与人的理性与非理性的统一。素质教育充分肯定每个学生都有相同的受教育权，强调每个人都有机会去实现自己的人生价值，每个人都有成功的机会和自己的道路，因而素质教育尊重每个人的学习风格和做事方式。这样的以人为本已经内在地包含了社会的长远要求和根本利益。

2. 素质教育的特征

第一，素质教育具有主体性。素质教育的主体性体现为教育必须以人为本。也就是说，教育必须始终尊重、理解和信任每一位学生，因为学生是"素质"的承担者和体现者，学生是教育过程中的重要主体，素质教育必须注重弘扬人的主体性，增强学生的主体意识，培养学生的主动性，促进学生生动活泼地成长，帮助学生建立自信和充满活力的人生观。事实证明，素质教育的主体性要求素质教育注重开发学生的智慧潜能，强调教师的任务不仅是传授知识，更重要的是教活知识，从而努力培养学生的认识能力、发现能力、学习能力、生活能力、发展能力和创造能力。

第二，素质教育具有全面性。素质教育的全面性有两层含义：一是教育对象的全面性；二是素质教育内容的全面性。教育对象的全面性教育不是针对某些学生，而是强调面向全体学生，平等地对待学生，这意味着素质教育是一种使每个人都能在自己原有的能力基础上获得发展的教育，能使每个学生在自己的天赋所允许的范围内得到充分发展。

第三，素质教育具有基础性。素质教育的基础性是指基本素质的教育。当今社会，素质教育的基础性要求教师要为学生打下做人、做事及成才、成事的素质教育基础，从而使其能以不变应万变。从这一意义上说，素质教育向学生提供的是基本素养，既不是为学生的"升学"做准备，也不是为学生的"就业"做准备，而是为学生的"人生"做准备。

第四，素质教育具有内在性。素质是学生主体内在的东西，素质教育的目的是尽一切可能将环境、教育等一切客体的外部东西内化为学生的内在品质，这有利于学生的发展。为什么学生中存在高分低能的现象？主要原因是他们的"内化"问题没有得到很好的解决，所获得的知识并没有内化在自己的"素质"中，素质教育应成为学校各项任务的重中之重。

第五，素质教育注重讲概念、讲为什么与讲应用。素质教育注重讲概念，即教师对结论、理论、定理、公式中的术语要讲清楚。概念是思维大厦的基础。没有明确的概念，学生就不可能有清晰的想法和正确的思考。长期让学生在似懂非懂的概念中想来想去，只会让学生养成不求甚解的坏习惯，这不利于提高他们的学习能力和判断能力。素质教育与非素质教育的最大区别在于，前者强调"为什么要知道"，而后者只满足于"了解它"。注重讲"为什么"可以培养学生好思维、好问的习惯，这种习惯是知识之源和能力之源。抓住这个"源"，教师就抓住了素质教育的关键。素质教育注重讲应用，教师教了某项知识或某个公式、原理、原则之后，就要让学生结合相关实例进行练习与应用，通过应用体验成功的喜悦。

（二）数学素质教育及其内涵

随着人类社会文明的发展和需要，人们将数学视为所有科学的语言。数学是打开所有科学之门的关键，是思想的工具，是创造的艺术。数学逐渐被视为与自然科学和社会科学平行的科学，正如王梓坤先生在《今日数学及其应用》一文中所说："数学的贡献在于对整个科学技术，尤其是高新技术水平的推进和提高，对科技人才的培养和滋润，对经济建设的繁荣，对全体人民科学思维的提高和对文化素养的哺育。"数学已成为现代社会的文化，数学观念影响着人们的生活和工作。

我们不妨来看看几位科学家对数学的认识。物理学家、诺贝尔奖获得者伦琴谈科学家需要的素养时说："第一是数学，第二是数学，第三还是数学。"美籍匈牙利科学家冯·诺伊曼认为："数学处于人类智能的中心领域。"我国明代科学家徐光启对数学早有精辟之见："能令学理者祛其浮气，练其精心；学事者资其定法，发其巧思；故举世无一人不当学。"[①]现代数学在社会发展与变革中发挥的作用已越来越大。自 20 世纪 60 年代起，诺贝尔经济学奖有相当大一部分由数学家获得。两院院士、有"当代毕昇"之称的王选教授是北大数学系毕业的，他手下的八大"干将"有五位是数学博士。以上这些事例说明数学学习可造就高素质人才，对人一生的发展都有正面影响。

"数学素质教育"于 1992 年 12 月在宁波高等数学会议上被首次提出。本次会议的一项重大成果就是发布了《数学素质教育设计（草案）》，它定义了数学素质，将数学素质分为数学意识、问题解决、逻辑推理和信息交流四部分。同时，它认为数学素质教育是指尊重学生在数学教育教学中的主体性，发掘学生潜力，培养学生的各种数学能力，为其未来的发展提供

---

① 陈强. 高职教育立德树人理论创新研究［M］. 昆明：云南大学出版社，2020.

坚实的数学基础。从教育的核心目标和相关的教学行为上，我们可以看出，高职数学教育的精髓在于培养学生的数学素质。数学素质是人类理解和应用数学规则、逻辑联系及抽象模式的洞察力和潜力。数学素质教育力求通过全面的数学教学来激发学生的这种洞察力，挖掘他们的潜力，进而实现培养学生能力、开发学生智力的目标。

数学作为一门研究实际世界中复杂的数值关系和空间构造的学问，构成了所有自然科学的根本。它向其他科学领域提供了信息、理论和手段。几乎所有重大的科学突破都离不开数学的演变与进步。同时，数学也构成了所有关键科技进步的根基，计算机的诞生便是最佳的例证。数学在人类文明中占据着核心的位置，并且始终被视为教育领域的一种独特形式；它被视为思考的训练器，对于增强人们的逻辑推理能力、分析评估能力、空间想象能力以及创新能力，都起到了其他学科无法取代的作用。

在数学素质教育中，我们需要强调对数学素质的培育，这主要涵盖三个核心部分：思想道德教育、科学文化教育及生理心理教育。在这三个部分中，科学文化教育又进一步被细分为三个关键的教育元素：数学基础知识、数学思考技巧及数学能力。这些主要的教育元素彼此关联、互相影响、互相推动，构建了一个完备的整体，共同推动着数学能力的塑造与提升。

1. 思想道德素质教育

在数学素质教育中，我们应该将学生的思想道德品质置于重要地位，以此来培育他们良好的学习习惯，并促使他们全方位地发展，思想品德是数学素质教育的核心部分。在人类文明的历史长河中，数学一直是一种不可或缺的文化力量。它不只是科学推理、科学研究和工程设计的重要组成部分，也是大部分哲学思想的主题和研究手段的决定性因素。随着社会的进步，数学对人类文化的影响从微小到宏大、从弱到强、从少到多、从封闭到开放、从自然科学转变为社会科学。数学教育有助于提升个人的道德素质，道德素质对于学生数学能力的塑造有着积极的推动和强大的保障作用。

数学是人类社会活动的产物，也是无数劳动者所创造的精神宝藏。在学习的过程中，学生需要借鉴科学家的奉献精神，强化他们的爱国情怀和民族风貌。我们需要利用数学之美、图像之美、符号之美、科学之美及奇特之美，来培育学生的内心之美、行为之美、语言之美及科学之美。我们需要让学生在学习和解决问题的过程中，培养出冷静、镇定和严谨的性格，并塑造他们的创新思维。

2. 科学文化素质教育

在数学素质教育中，我们应该将文化修养和专业技能教育融为一体，构建数学素质教育的中心。数学基础知识、数学思维方式和数学技能是数学素质教育的关键，也是课堂教学的核心部分。

（1）数学基础知识教育

在过去，教育更倾向于采用大量做题的方式，这往往会使学生的思维变得僵化。因此，素质教育应该强化教师对数学概念和数学命题的教育，重视概念的形成及定理和公式的推导过程，同时也要注重数学知识的构建、发展及问题解决的过程。教师要致力于深入、透彻、生动地讲解，以便学生在掌握数学知识体系的过程中构建优秀的数学认知模式，进而通过研究，学习新的知识并解决日常生活或其他学科的难题。

（2）数学思维方法教育

首先，我们必须高度重视数学思维的教育。数学思维是数学的核心理念，是数学知识体系中最关键的一环，占据着主导地位，是分析和解决问题的指导准则。我们需要理解的数学思维包括化归、函数和方程、符号化、数式融合、集合与对应、分类与讨论等。其次，我们需要强化对数学基础技巧的教育。数学思维方式是数学理念的具体表现，同时也是解决问题的手段，如配方法、待定系数法、分解和合成法等恒等变换方式，以及换元法、对数法、伸缩法等映射反演方式。最后，我们需要强化对数学思维和逻辑方法的教育。学生必须具备学习的能力。这是一种思考和解决问题的策略，涵盖了数学思维、分析、综合、比较、类比、归纳和演绎等多种方法。在数学教学中，教师要培养学生的数学观念和数学思维品质。数学观念能帮助学生利用数学观点来理解和处理周围的事物、用数学思维方法来看待问题，思维品质涵盖思考的精确度、严密度、变通性及创新性，数学思维涵盖逻辑推理、图像推理、直观推理、扩散推理、逆向推理、批判推理及创新推理。数学思维品质在数学素质的进步与提升中扮演着极其关键的角色，塑造优秀的思维品质是数学素质教育的核心职责，优秀的数学素质能够让学生一生受益。

（3）数学能力教育

目前，大家普遍认同的四种数学技能包括计算、推理和证明、抽象以及总结、数学学习以及创新。为了满足现代科学的需求，所有年级的学生都必须掌握如何学习和运用计算机等信息科学的技术。现代教育的核心目标之一就是让学生掌握学习技能，这也是素质教育的关键职责之一。这不仅是确保学生能够持续成长的关键，也是提升学生数学能力的关键因素。一些学者预测，未来的文盲不仅仅是不懂得书写的人，更多的是不擅长学习的人。数学技能是人类运用数学文化解决实际问题的实践和创新能力，它是一种综合性的技能，涵盖数学的基础技巧、计算能力、逻辑思考能力、空间想象力和应用能力。提升学生的数学技能是当代社会对数学教育的新挑战，这也是大部分数学教育者的职责和义务。

3. 生理心理素质教育

一个人的心理素质是由他的心理活动所反映出来的，包括智力因素和非智力因素。

（1）智力素质教育

心理素质教育的关键环节在于智力素质。在数学教育过程中，我们主要强调培养学生的观察能力、注意力、记忆力、思考能力和想象力，特别是思维能力的提升。在高等职业教育的各个阶段，我们需要将学生思维能力的提升置于首位，以帮助他们逐步塑造出优秀的思维品质，使其直觉思维、形象思维过渡到逻辑思维和辩证思维，进而学习如何辩证运用思维策略。

（2）非智力素质教育

对于数学素质教育而言，非智力素质的重要性不言而喻。相关研究表明，导致学生能力存在差异的关键因素就是学生非智力素质的发展。因此，在数学教学过程中，我们需要从四个角度去培养学生的非智力素质：唤醒他们的兴趣、激励他们的动力、塑造他们的情绪、提升他们的毅力。情绪状态会直接决定学习者的成功与否，也会对其数学素养的其他部分产生限制。这些情绪要素涵盖学习动力、学习态度、学习热情、自尊及毅力等。此外，数学情绪也包含"数学精神"，也就是包含一个人对数学的坚定追求精神以及对数学之美的理解和欣赏能力，这些都是学习和研究数学的内在驱动力。

三、素质教育下的高职数学教学

（一）强化学生对数学思想与方法重要性的认识

数学思维是学生对数学知识的基本理解，而学生对数学规律的逻辑理解则是学生从特定的数字内容和对数学的理解过程中提炼和升华出来的思维观念，这些观念在学生对数学认知过程中被频繁运用，具有广泛的意义，是构建数学和应用数学解决问题的指导原则。而数学思想的体现必须依赖数学知识，往往体现在数学知识的形成过程中。事实上，掌握数学思想是数学素质的标准之一。因此，数学教育必须重视数学思维方法的教学。

1. 数学思想教学是提高数学素质的重要保证

教学设计的数学思维性是实施优质教育的关键。随着新科技的广泛应用和学生知识领域的扩大，许多学生提出的问题常常让教师感到困惑。在处理这些问题时，教师必须具备足够的数学思维深度，这样才能精准地找出各类问题的根源，作出公正的解读，并且能够用生动的方式阐述，将抽象的问题具体化、复杂的问题简洁化，从而能够敏感地察觉到学生的思维火花。教师要寻找优秀的部分并及时进行精练和提升，激发学生的勇气去探索，以吸引更多的学生，让他们积极地投入教学中，真正地成为教学过程的核心，从而最后提升数学教育的品质。

要提高学生的数学素质，教师自身要有过硬的数学素质。在 1998 年的联合国教科文组织的工作报告里，一句"无论如何强调教师素质与教学质量的联系都不会过分"被反复提及三次，这一点凸显出教育界对教师素质与教学质量联系的高度重视。身为数学教师，我们需要持续掌握新的知识，接触新的知识领域，学习新的思维方式，不断刷新知识体系，扩大知识范围，提升人文素养，尤其是强化数学素养和技能，并且在教学过程中，我们需要提升数学的实用性，以增强学生的数学建模和与现实相结合的技巧，同时需要增强他们的实践意识。此外，我们也需要提升现代化教育手段的运用能力，尤其是利用计算机进行教学的技巧。培养学生数学素质的关键是教师。为了能够胜任素质教育的重任，高职教师必须集中精力进行必要的科学研究和学习。只有这样，教师才能深化对数学的理解，才能理解数学的本质，掌握教材的重点和难点，以易于理解的方式将知识传授给学生，才能把最新的科研成果介绍给学生。

教师要研究教学内容中的数学思想。如果数学教师没有讲清定理与公式中诸因素之间的联系，没有帮助学生弄清得出这些必然结论的思维过程，那么学生学到的就不是使用知识的能力，而只是其他人的结论。中国学生的数学和物理水平普遍高于外国的学生，但许多学生学到的不是解决问题的能力，而是一些关于公式和定理的概念，这种教育不是素质教育。使用各学科的材料来强化学生的逻辑思维训练，不仅是培养学生逻辑思维能力的必要条件，也是培养学生创新能力的必要条件。逻辑思维强调理性、客观性、规则和步骤。创新则需要教师充分发挥想象力，打破常规。要创新就要广泛接触事物、接触知识，就要在各种各样的事实或现象面前，善于包容、吸收、整合，使自己能够超越定式逻辑思维的局限，在扩大了的视野中找到解决问题的新方法、新技术，发现事物的新性质、新用途，这是一种多维思考能力与习惯。

要强调形象思维能力的培养。在当前的数学教育环境下，演绎推理的训练似乎过于偏颇，将学生的注意力都集中在形式论证的严谨性上，这对于提升学生的创新能力并不有利。当然，必要的逻辑推理训练是必不可少的，但是发现和创新的重要性超过了命题论证，因为一旦揭示了真相，论证通常只是时间问题。形象思维是创新发明的关键思维模式，这包括几何思维和直觉思维。数学家庞加莱认为："仅仅依靠逻辑思维，数学毫无获取新真理的可能，只有丰富的形象思维，特别是直觉思维，创造发明才富有成效。"[①]这并不是否定逻辑思维的重要性和影响力，而是强调形象思维在塑造创新技巧上的重要性不能被忽视。因此，我们需要重视逻辑思维、几何思维和直觉思维的同等重要性。

一些人将数学教学的品质定义为学生思考活动的质量和数量，也就是学生的知识构成、思维方式的明晰程度及他们参与思考活动的深度和广度。我们可以从"创新、高效、深度"三个角度来评估数学教学的成效。"创新"意味着学生的思考方式需要具有创新性，"高级"则是指学生能够通过学习建立一定层次的数学观念，而"深度"则是指学生需要深度参与教学过程。深入的思考课程能够给予学生持久的思维冲击和对知识的深入领悟，尽管在未来的探索与职业生涯中，他们可能会遗忘数学的知识，但这种思维方

---

① 贝尔. 数学大师［M］. 徐源，译. 上海：上海科技教育出版社，2012.

式却会被永久铭记。数学教育的核心目标就是通过传递数学的知识和概念，以及数学的思维方式，帮助学生塑造"数学思维"，使得他们观察、提出和解决问题的过程充满浓厚的"数学气息"，这样的数学教育才能真正发挥其有效性，这可以增强个体的品质。

在数学思想的教学中，教师要潜移默化地启发学生领悟和体会数学思想，把握教学的契机，切忌生搬硬套，要充分挖掘数学思维方法。数学教学的内容包括表层的数学知识和深层的数学思想，思想通常藏匿在教材知识之间，因此教师在钻研教材的过程中应充分挖掘数学思想，考虑哪些具体的内容能突出哪些数学思想，力求做到心中有数。

数学知识的形成过程往往是数学思想的体现过程，如概念的形成过程、解题思路的寻找过程及归纳推理的过程。正是因为这些过程中蕴含着数学思想，数学课堂才没有成为数学基础和重复无聊练习的简单积累，因此教师要让学生在课堂中充分参与思想的形成过程。在总结反思中，深化和升华数学思想是对知识融会贯通的理解和升华。一方面，教师应该对数学思维方法有一个合理的总结，使学生对数学思想有一个清晰的认识；另一方面，教师有必要让学生养成总结思考的习惯，从而使其建立自己的"数学思维方法体系"，掌握运用数学思维方法来解决问题的技巧。

问题的解决是学习数学的最终目标，一方面，要让学生在问题解决过程中感悟和积累数学思想；另一方面，要让学生自觉地将数学思想用于问题的解决过程中，培养其数学观念，提高其思维的品质，完善学生的认知结构。

2. 数学思想教学是数学素质教育的重要体现

数学素质是数学教育的灵魂，是素质教育的核心与基础。因此，在数学教学中，数学教师要重视学生数学技能的提升，全面提高学生的数学素质，从而培养出 21 世纪的创新型人才。为了提高高职学生的创造性思维能力，教师有必要运用数学思维方法进行数学教学。

数学的核心概念包括分析与总结、仿真与联想、直接与推导、线性与非线性、离散等。学生需要运用这些"数学思维"去探索、提炼、反思，去体验并领悟数学知识的产生与揭示的流程，以此激发他们的学习热情，激起他们对知识的追求。在授课过程中，老师需鼓励学生去尝试和推测，尤其是在授课过程中，必须避免"一言蔽之"的做法，要鼓励他们提出自己的观点，即使这些观点可能存在偏差。解决数学问题的方式千奇百怪、无穷无尽，即便是有丰富教学经验的教师也无法找到所有的解决方案。在数学教学过程中，教师需要精心策划问题，通过一题多解、巧妙解答、最优解等教学手段，有效地激发学生的创新能力。

数学素养教育涵盖基本概念、数学思考策略、数学实践技巧及数学观点的品格等多个层面。其中，基础概念是最根本的需求，需要教师对教材内容有一个全方位且深度的认识。在数学教材中，每一个部分的知识都是相对独立且相互关联的。理解这些数学知识的关联可以帮助学生塑造数学思维，刺激他们的创新精神和求知欲，并使其逐步提升个人的数学能力。

在传授基础知识的过程中，我们需要详细阐述知识的形成和发展过程，深入研究其中所蕴含的数学思维和方法。我们需要重视知识在整个教学体系中的内在关联，揭示思维方法在知识间的相互联系和交流中的桥梁作用。我们需要总结出在构建数学知识体系时的教学思想和方法，并明确思维方法在科学系统知识结构形成过程中的引导作用。

实施数学素养教育的核心场所在于课堂，而提升其教学品质与效能则是实现这一目标的关键，应用数学思维方式在提升课堂教学品质与效能上起着至关重要的作用。在数学教科书里，蕴含着众多的数学观念和哲学思考。数学的思考方式是一种潜在且根本的知识，所以教育工作者必须深度研究教科书，寻找与之相关的思考模式。首先，我们需要让学生明白他们应该掌握哪一种数学技巧，是深入理解、熟练掌握，还是需要能够灵活应用；其次，从确立教学目标、提出问题、构建教学环境到挑选教学策略，我们需要对整个教学流程进行精细的规划，以开展有意识、有目标的数学思维方式教育。教授数学素养的目标在于把这些观念和思考模式变成学生自身的认知。因此，教师需要全面利用每个章节所涵盖的数学观念，理解这部分教科书知识的起源与演变，深入探讨数学观念及其实际应用，从而明确素养教育的路径。

教学的核心理念是数学素质教育，这种教学方式不只关注传授基础技巧和策略，更关注对所有学生进行全面的数学思考和理解，从而提升数学教学的品质。在实施教学活动时，我们应该始终把数学素质教育看作一种引领性的理念。依照具体状况，采取个性化教学方法是数学理念的具象表现，数学知识架构是一个不断演变和进步的系统。针对各种专业需求和各类学生，教师所需的知识层次也会有所差异。在教育活动中，数学理念教育旨在提升学生的品质，并依照实际需求，结合各种专业的具体情况，增强学生的数学应用技巧。

3. 用数学思维方法教学培养学生的数学素质

数学教育应突破"重知识轻能力，重分数轻素质"的传统观念和模式，数学教育中最重要的是教数学思维和开发思维功能，其次是数学知识，至于计算或证明的具体过程和一些细节，教师没有必要讲，可以让学生自己看，最好是让学生不看书而在搞清楚理念的基础上自己学习。

数学思维方法是数学的灵魂，是数学学习的指导思想和基本策略，是数学学习的目的和手段。法国数学家伽罗瓦率先研究了置换群，他用群论方法确立了代数方程的可解性理论，解决了求解一般形式代数方程根式解的难题；解析几何的创立实现了形数沟通、数形结合及互相转化，对应的思维方法解决了无穷集元素"多少"的比较问题，人们可以根据"势"将无穷集划分为不同的"层次"。数学的发展绝不仅仅是材料和事实的简单积累和增加，而必须有新的理念方法参与，才会有创新，才会有发现和发明。因此，从宏观角度看，数学思维方式是数学发现和创新的核心和驱动力；从微观角度看，在数学教育和学习过程中，我们需要重现数学的发现过程，揭示数学思维活动的普遍规律和手段。只有从知识和思想方法两个层面出发去学习，掌握系统化的知识及其蕴含的思想方法，学生才能形成良好的认知结构，最终提高自身的各方面能力。

数学思维方法是对数学知识的深度抽象和总结，它是基于数学知识的一种基础理解。因此，对于这种隐含的知识内容，我们可以通过多次的实践来领悟和运用。数学思维方法是一种处理和解决问题的策略、路径和工具，只有通过数学知识才能展现，并且我们可以在持续的问题解决过程中对其加以理解和掌握。数学思维方法主要有以下几个方面的作用。

（1）可培养学生抽象的概括能力，即培养从某些材料、数量关系、图形、结构中提取共同的本质的东西，并加以联系和推广的能力。例如，在导数概念的教学中，教师可展现从物理上变速直线运动物体的瞬时速度与几何上切线的斜率两个实例中抽象出增量商的极限这一本质属性的过程。又如，在级数知识的教学中，教师可展现刘徽"割圆术"中化圆为方的极限思想。

（2）可培养学生的正逆向思维转换的能力，即从综合法向分析法、原命题向逆命题、直接法向间接法转换的能力。具体做法为：向学生讲解"世界上的一切事物在一定条件下可以转化"的辩证唯物主义观点，并加强反证法的训练，注意问题转换的教学，如恰当改变习题条件、结论，形成新题型。实践证明，一题多解、一题多变、对比辨析是训练思维灵活性的有效方法，可以培养学生的发现思维、发散思维、创造性思维等。

（3）可培养学生的空间想象能力，即培养学生分析、处理和改变头脑中客观事物的空间形态、位置关系的能力。要注意的是，除了几何之外，空间想象能力也可以在代数课中培养。比如，关于数的绝对值的几何意义、根据图像研究函数的性质等。

简而言之，数学思考方式是一种既源自数学知识，又超越了数学知识的隐形数学知识，所以个人需要经历多次的感受和实践，才能逐步对其领悟和理解，并将其融入个人的认知框架中，使其成为一种对数学学习和问题处理的程序化知识的稳定组成部分。因此，优秀的教科书内容及高品质的教学策略是学生掌握数学思考方式的根本和保障。身为教育者，我们需要为学生创造一个优秀的学习氛围，完全呈现"观察—试验—思考—推测—证明"这一数学知识的获取、理解和创新的流程，从而揭示知识的提炼、研究和解决问题的过程。

（二）促进学生数学学习正迁移的发生与发展

迁移是一种心理现象，是一种学习对另一种学习所产生的影响。学习可以迁移。早在 2000 多年前，孔子就说："举一隅，不以三隅反，则不复也。""回也，闻一以知十。"①意思是学习可以相互衍生，从一个地方移动到另一个地方。20 世纪 60 年代，美国心理学家布鲁纳将迁移作为了教育的核心。后来，迁移逐渐受到不同国家的心理学家和教育工作者的关注，他们甚至认为这是教育和教学的原则，并提出"为迁移而教"。我们的教学就是教导学生将学到的理论和技能应用到新理论的研究中，并将其应用于实践中来解决实际问题。这种类型的应用程序便是迁移。迁移就是举一反三、触类旁通。可以想象，如果一个学生在一种场合下学会的知识、技能而在另一种场合下不会应用，那么这个学生只能是书呆子，这样的教学是失败的。所以，教学就要研究迁移，没有迁移也就没有学习，从这个意义上说，教学就是教迁移。

学习的效果有时是积极的，有时是消极的。能够促进不同类型学习的学习称为积极迁移（也称正迁移），可扰乱或抑制学习的学习称为负迁移。思维的定式可以促进积极迁移的出现，也可以促进负迁移的发生，这主要取决于既定情况和待解决的问题是否相容。如果将定式调整为要解决的问题，则发生正迁移，否则发生负迁移。在数学学习中，存在很多积极迁移现象。例如，学习方程的知识有利于学习不等式、学习一元微积分有利于

---

① 李云华. 高职教育文化建设与发展路径探索［M］. 汕头：汕头大学出版社，2020.

学习多元微积分等。

1. 数学学习迁移的作用

在所有的数学教育体系里，数学的学习转移是一个重要的部分，它主要体现在以下两个方面。

（1）数学学习的迁移在不同的数学技能之间建立了更广泛和更强的联系，这使其具有更广泛和系统的特性，并形成了稳定、明确和可操作的数学认知架构。在迁移的影响下，数学知识的应用过程组织和重塑了现有的数学认知架构，并提升了其抽象概括的水平，从而使其更加完善和丰富，并形成了稳定的调控机制。

（2）将数学知识和技巧转变为数学技巧的核心在于数学的迁移。"双重基础"在数学活动的调节过程中起着至关重要的作用，它也是数学能力的主要元素。作为一种个人的心理属性，数学能力是一种稳定的心理架构，它能够有效地引导数学行为的发展和核心。教育的成效不只依赖于数学和技术的理解，也依赖于对这些理论和技术的连贯总结与系统化。掌握数学理论和技术是在新的知识和技术交互过程中完成的，所以我们必须对其进行转换。另外，数学理论和技术的对比只能在转换的过程中形成。

2. 影响数学学习迁移的因素

为实现最大限度的正迁移、减少负迁移，教师需要弄清影响学习迁移的因素。

（1）数学学习材料的相似性

只有对新旧知识的经验进行分析、抽象和总结，迁移才能达成。因此，数学学习材料必须在实质上具有相似性。心理学研究揭示，相似性的大小决定了迁移的范围和效果。如果两个材料很像，就可能产生正的迁移，否则就不会。学习内容的相似性是由学生所有学习的知识一起决定的，共同因素越多，就越相似。所以，在教学的时候，教师要注意是否有一样的因素，要借助共同因素促进迁移，提升学生的学习效果。

（2）数学活动经验的概括水平

数学学习的迁移代表了学习数学活动的经验对不同学习形式的影响，因此，数学活动经验的泛化程度对迁移有着显著的影响。通常情况下，泛化程度越低，迁移的效果就越差；泛化程度越高，迁移的可能性就越大，效果也就越好。在数学研究中，我们强调理解基本概念和基本原理，并且高度重视掌握数学思维方法，这样的知识能够被总结，并且能实现广泛且有效的迁移。

（3）数学学习定式

定式也被称为"心向"，即在某些活动之前并指向特定活动的准备状态。集合本身是在某些活动的基础上形成的，是一种选择活动方向的趋势，这种趋势本身就是一种活动体验。由于定式是选择活动方向的趋势，定式可以促进和阻碍迁移，所以后续工作若与以前的工作类似，那么定式通常可以鼓励学习。在数学课程中，我们常常运用构建的方式，逐渐设计一系列具有一定变化的问题，以激励学生掌握一些数学思维技巧。如果要学习的知识看起来是一样的，但与预期的特性不一致，或者它是相似的但需要调整，那么固有的思维模式就会产生干扰，使得思考变得僵硬，解题方法也将变得固定，从而妨碍迁移。因此，为了避免由于固定模式导致的负面转变出现，我们应该将知识的学习和其应用环境的理解相结合，并根据实际情况灵活地运用知识进行训练。

（4）学习态度与方法

如果学生对待学习活动时保持乐观的态度，他们就能培养出有助于学习转变的思维方式，并能主动地把所学的知识和技巧运用到新的学习过程中，这样就有可能在无意识的情况下实现学习的转变；如果学生的学习态度消极，他们就无法主动地从既有的知识经历中寻找新的知识链接，这样就无法实现学习的转变。此外，学习策略也会对学习的转变产生影响，理解并掌握学习的变通性能够促进实现学习的转变。

（5）智力与年龄

智力在学习转移的质量和数量中起着重要作用。学生具备较高的智力水平，能更轻松地找出两种学习环境的共性或联系，并能更有效地运用之前学习的方法和策略进行后续学习。年龄也是影响学习转移的一个重要因素。由于学生在不同年龄段有着不同的发展阶段，其学习转移的条件和机制也会有所不同。理论认知结构指出，学习数学的过程实质上是数学知识的积累，其核心在于通过同化和适应来形成数学认知结构，数学思维和方法在这个认知结构中扮演着至关重要的角色。

3. 促进正迁移的数学思想的教学方法

（1）努力揭示教学内容的逻辑联系，实现正迁移

数学的逻辑严谨性是其特征之一。逻辑决定了数学知识与新旧知识之间的联系是实际迁移的基本规律，因此数学的每一章节、每一单元之间的联系都应该在教学中被揭示出来，使当前的知识成为后来知识的基础，使后继的知识成为先前知识的延伸和发展，以促进正迁移的实现，使学生能做到举一反三、触类旁通，获得事半功倍的效果。

（2）揭示公式之间的异同，促进迁移，防止干扰

心理学研究表明，共同成分是导致迁移的重要因素之一。因此，在数学课上，教师要认真学习教材，阐明新旧知识的异同点，运用模拟和归纳转换的方法促进迁移，防止干扰的发生。例如，在教授不等式时，教师要使用解方程的类比和变换方法来揭示解决方案理论在解方程和不等式的解决方法之间的异同，促进迁移，防止干扰。心理学研究还表明，如果反应因素是恒定的，不论刺激是否改变，迁移都可能发生并随着刺激的强度而改变；当刺激是恒定的，反应的变化就会经常产生干扰。可见，当学生学习不等式时，他们经常使用这些解决方程的理论和方法直接求解不等式的方程，其主要原因是刺激措施没有变化，但反应已经改变。对于这种反应改变，教师没有足够强调，刺激没有得到加强，结果就出现了将解方程的

方法直接迁移到不等式中的情况。因此，改变应对措施应着重于加强激励措施。

（3）数学学习中的同化与适应的合理应用

同化意味着主体将新的数学学习内容结合到其原始的认知结构中，并不是整体接收，而是处理和转换新的数学材料，让它类似于原始的数学认知结构。那么，我们应该如何处理新的数学资源以适应初级的数学认知模式呢？我们能够随意、无目标地处理它来实现这个目标吗？很明显，想要这样做，应该有清晰的路径和目标，并且需要在特定因素的引领下进行。数学认知模式包括三个关键元素：数学基本知识、数学思考技巧和心理元素。显而易见，数学的基础理论并未具备思考和积极性，无法对"处理过程"的发展进行管理，这与物质本身无法转化为产品的情况相似。心理元素仅提供了试验者的欲望和动力，并且代表了试验者的认知特性，它无法完成"处理"过程，因为它只包含生产观念和生产工具，而没有设计观念和生产技术。数学思维方式对"处理"负有主要责任，它不只是能提供思维策略，也能为实现目标提供具体的方法，数学的转变就是实现新旧知识的融合。

在数学学习过程中，如果个体的初级数学认知模式无法有效地吸收新的学习资源，那么他们需要调整或改变原有的数学认知模式以适应新的学习内容。这种原始认知模式的转变并非盲目行动，它与同化过程的分析一样，必须在数学思维方式的引导下进行，这种方式偏离了数学思维方式，是无法被理解和实现的。学习基本原则的目标是保证记忆的丧失并非完全消失，留下的信息可以让我们在需要时再次思考问题。明智的理论不仅是理解现象的工具，也是个体记住这种现象的媒介。作为数学的一般原则，数学思维对数学学习至关重要。对于学生来说，无论他们将来从事什么职业，只有将数学思想、数学思维和研究方法深深植根于他们的思想中，才能使他们受益。学习的转变需要一个基本前提，也就是说，学生需要理解并建立类比，接着才能进行实际的、相似的学习。数学思考的方式如分析、总结、类比，以及将数字与图形相结合、分类、讨论和转化等，都是解决思维难题的方式。通过数学的应用，我们能够掌握知识和技巧并对其灵活使用，并且能够实践多种解决策略。这样做有助于培育学生的思维能力，包括扩展思维、灵活处理问题、反应迅速等方面的能力，以及能够适应各种训练，从而促使他们深入、抽象地思考。同时，我们也能够对解决方案的简洁性进行再次审视和评价，从而持续提升思维的品质，并且能够培育出学生的严谨态度和批判精神。由相同数学问题的多角度研究触发的各种关联是几种解决方案的思想来源，也是提高数学技能的有效方法。学生对数学思维的学习可促进学习转移的实施，特别是原则和态度的迁移，从而可以迅速提升学习质量和数学技能。

实际上，无论是融合还是适应，都是在原始的数学认知框架和新的数学内容之间，转变一方并适应另一方，这种转变就是融合或转换。融合或转换是一种数学思考方式，是数学思考中的"主干"和核心。数学的理念和技巧起源于数学的认知过程，并且在这个过程中对数学的认知过程产生重大影响。数学方法代表了数学认知活动中数学思想的具体反映和体现，数学方法与数学技能密切相关。数学技能必须通过方法体现，方法由数学思想引导和控制。因此，数学思维方式在数学认知结构中占据着最重要的地位，它也是实际生活中的认知元素，将数学理念和思考模式转变为学生自发形成的习惯需要多样化的数学技巧和教育策略。我们应以激发学生的积极性和主动性为主要目标，获得学生对数学理念和思考模式的认同，最后塑造学生自身的思维观念。单一的教育方式只会让课堂变得枯燥无味，使得学生难以接受，甚至更难实现高质量教育的目标。

数学课是一门全面的数学素养培养课程，它依赖于教师的独特创新，强调把数学思考方式和教科书的知识融为一体，进而形成一个完整的课程。这就如同雕塑艺术品，最终将其融合为一个完美的整体。数学理念的教育效果是持久且恒久的，我们不能仅仅将分数来作为唯一的评价标准。要让学生们在未来的职业、学术及日常生活中主动且习惯地应用数学理念和思考模式，并从中获得益处，从而深深地感到对教师的敬仰，这才是优秀的数学教育的最佳成果。

对于学生的全面素质教育，关键在于解决功利主义的困扰，由"知识至上"的理念转向"人本"的理念，并将书本教育的范围延伸至社会，让教师和学生共同参与。因此，在实际操作过程中，教师应依据学生的个性需求和社会进步来设计科学的课程内容和教学策略，以便最大限度地激发学生的身心潜力，推动他们把所学知识转化为自我能力和个性特征，从而使其能够随着思维的"充足和自由"发展。从这一点看，学生素质教育的重点应该是通过专业知识教育和其他教育，将现代工业文明的最基本素质融入学生的文化模式和生存模式之中。

（三）以数学建模为切入点，推进数学素质教育

数学应用是数学素质教育的核心。随着计算机技术的发展，数学已融入各行各业，因此在教学中，教师要加强数学的应用意识。一是数学内部的应用，如导数、各类积分概念的形成，以及数学体系内的微分与导数的应用，和定积分、重积分、曲线积分与曲面积分的应用等；二是数学建模方法的应用，要鼓励并推动学生解决一些实际问题。例如，交通中红绿灯的时间问题、彩票的中奖率、人口问题、减肥问题、购房分期付款问题等，这类问题往往不存在标准答案，只有更好，没有最好，这就使其结果容易出现百家争鸣的局面。这样，学生可亲身去体验解决问题的过程，获得课堂上和书本里没有的宝贵经验。

对于激发学生的创新思维、创新观念及创新技巧，数学建模的理念和策略起着独特且优秀的作用。然而，我们始终面临的挑战是理论与实践的脱节。在进行数学建模的过程中，我们已经找到了解决问题的路径，也明白了如何在教学过程中提升学生的全面数学素养。通过接受数学建模的教育，学生们的洞察力能得到提升，包括找出问题、提出问题、区分主要与次要、抓住核心、创新思维、最大化知识运用、运用电脑技术及编写论文

的能力，还有交流与合作的技巧。这些技巧的融合与互动构成了我们所说的全面数学素养，数学素质是数学知识和技能的综合反映。

数学课程的系统教学能引导学生理解数学规律、逻辑关系及抽象模式，达到培养智力和培养能力的目的。在这个过程中，数学思想起着非常重要的作用。

当今世界，无论是在工业、农业、军事领域，还是在经济和科技领域，人们都需要借助数学的表达方式及数学模型来处理问题。数学模型的使用是我们研究自然和社会运行的一种有力手段，它构成了数学在科技和社会中的根本应用方式，同时也展示了高级数学能力的重要性。教学内容和教学方法是相互联系的，教学内容的改革要求教学方法的改革可以达到事半功倍的效果。

人的数学素质主要是在求学期间形成的，是在课堂上培养的。教师是学生课堂学习过程中的参与者、组织者和监管者，是学生素质教育的指挥者，教师的启发和指导对学生学习方式的形成有很大的影响。改革教学方法、全面培养学生的综合素质是实施数学素质教育的基本方法，教师应该从"主讲人"转变为"编剧"和"导演"，为学生创造一种情境，使学生可以"做"数学和"使用"数学。

（四）培养学生数学元认知的能力

具体而言，元认知就是个体对自己进行的认知行为，涵盖了自我理解、自我评估及自我调整。这个过程不只限于包括某一特定的认知行为，也涵盖了全面的认知架构和认知方法，包含了思考方式及处理问题的方法。因此，我们可以理解为，在处理数学问题时，所谓的元认知就是解决者对自己的解题行为进行的自我理解和分析，这包含了问题解决方案的挑选、全过程的安排、当前的任务在整个过程中的影响等，还涵盖了自我评价和自我调节。元认知在解决数学问题过程中的知识和经验主要源于教师的引导，以及书本和个人的认知实践。元认知监控在问题解决过程中的应用，就是让解决问题的人依据自身的知识体系和心理特性来调整问题处理的步骤，随时修正思维偏差，调整解决问题的路径，并选择最佳的解决方案。

解决问题的关键在于元认知知识，这种知识不仅源于教师或书本，更关键的是，它源于个体的认知实践。只有将这两者紧密融合，我们才能掌握真正的元认知知识。随着元认知的理解和实践的加深，我们对元认知知识的掌握也会更加稳固。此外，元认知知识的层级结构是通过学生创造问题解决空间的技巧来展示的。由于问题解决空间的创造直接依赖于个人的知识和经历，那些缺乏元认知知识的学生在处理问题时，只能采用基础的认知过程，其思考方式过于简单，思维模式或者问题解决策略无法灵活转化，常常会显示出解题没有经验、不流畅，方法过于死板或者不知道如何开始的状态。

元认知能力在数学中的应用，包括理解和运用元认知知识，以及制定数学学习计划、监督和调整的技能。解决数学问题的元认知能力的核心是对解题过程的方法的科学评估，这源于问题解决者的判断意识，可决定解题的成败。缺乏元认知监控，解决问题就无的放矢。学生拥有良好的元认知技能，能够主动地接纳元认知规则，并能在解决问题的全过程中保持清晰的认知，明白自己在做什么、为何要这样做，能够及时评估和调整策略。也就是说，学生在处理问题的过程中，能够掌握方向和进度，在成功解决问题后，能够主动地反思问题解决过程，特别是思考是否存在更有效的解决策略。

研究显示，现代的问题处理过程涉及更高级别的认知过程，这个认知过程代表了深度的结构，而认知的差异正是决定解决问题能力不同的关键。因此，在处理问题的过程中，学生的认知差异会影响他们对问题处理目标的理解和认知，他们选择最优解题方法的意识、灵活性和技巧也会有所区别。因为元认知能力的不同，每个人在处理问题时对信息反馈的认识和应用程度也各不相同。拥有高级元认知能力的学生更关注如何在解决问题的过程中最大化利用反馈信息，并且擅长及时调整解决问题的策略，以找到最优解。所有这些元认知层次的差异最后都会在解决问题的过程中体现在思维的灵活性、敏感度、批判性和创新性上。

实践表明，在元认知领域，表现出色的人与表现一般的学生之间存在着显著差别。在课堂上，表现优秀的学生通常会制定自己的学习计划，寻找他们所喜爱的学习方式。他们擅长解决学习过程中遇到的各类问题，特别是在认知出现偏离时，他们能够迅速地通过反思找出问题的根源，并立即进行调整，擅长归纳学习过程中的经验和教训，能够对自身的学习动力、态度和认知水平进行合理的评价，他们还能控制自己在不同情境中的学习、调整自己的学习。

在解决数学问题的过程中，成绩优秀的学生与成绩一般的学生在元认知上存在着显著的不同。在处理数学问题时，能主动思考和具有良好思考习惯的是那些数学成绩优秀的学生，他们首先会对问题进行详尽的分析，深入剖析已知的条件和预期的目标，接着会大致评估、判断并挑选出数学问题的特性、难易程度及解决问题的基础策略和核心观念，密切关注问题解决过程，还会随时评估问题解决的方法和结果，及时有效地调节思维方向，并且可以有意识地检查问题解决过程，评估问题解决的正确性，评估解决方案的优劣，并总结在问题解决过程中学到的经验和教训。因此，加强元认知的培养与训练是提高学生数学思维能力和数学素质的重要手段。

第三节　高职数学教学与数学文化教育

早在 20 世纪 50 年代，数学家和数学教育家就已经认识到数学文化在数学教育中的重要性。人们在适应社会生活、参与生产实践和进一步学习中都需要数学的支持和参与。几十年以来，数学文化的研究受到国内外数学家的高度重视，并频繁出现在数学教育领域，这反映了人们从文化角度对数学进行了深入理解。数学文化的教育价值主要体现在培养人的数学素养上，中国的数学教育面临着更高的要求。在数学教育中，学习数学文化已经成为培养学生良好数学素养的有效途径。2003 年颁布的新课程改革首次提到了数学文化，并重点强调了数学文化的重要性。

一、数学文化及其育人价值

（一）文化与数学文化

文化是一个使用范围较广的词汇，其内涵也颇为深刻。给文化下一个精准的定义并不是一件容易的事情，因为不同的人对文化的解读是不尽相同的。《易经》有云："刚柔交错，天文也；文明以止，人文也。观乎天文，以察时变，观乎人文，以化成天下。"[①]其中的"人文化成"即文化，"文化"一词由此而诞生。

现代新华字典从广义和狭义两个层面对文化进行了解释：文化是指人类在社会历史进程中创造的物质和精神财富的汇总。这表明，广义的文化是一种高级建筑，具有相对的稳定性。狭义的文化是指社会的思想观念以及与之相配套的体制和组织结构。在评价一个人有文化时，人们所采用的就是文化的狭义认知，重在从精神、态度方面去评判。英语中的文化采用的是"Culture"这一单词，该词汇最早来源于拉丁文，意为耕作、教育、修习等。因此，在他们看来，只有经过耕作、教育、修习等过程积累下来的才是文化。这里所强调的文化与汉语中理解的意思基本相通，是由物质文化和精神文化共同构成的整体。同时文化还具有连续性、历史继承性特点，这意味着文化的发展与社会发展是同步进行的，只要社会在不断地进步，文化也会不断地发展。当然，不同的民族及文化存在一定的差异，我们也可以看出文化还具有民族性特点。我们在社会生活的各个方面都能看到文化的踪影，数学作为社会生活中不可或缺

---

① 南怀瑾. 易经杂说［M］. 上海：复旦大学出版社，2016.

的重要部分，也是一种文化的体现。

在制定修改新课程大纲的时候，相关人员强调要将数学史的内容纳入数学教育中来，这是因为数学是促进人类文明发展的主要文化力量，同时它深受人类文化的影响。在实施数学教学的过程中，教师应该传授数学文化，但是人们对数学文化说法不一，没有清晰的界定，甚至数学教育界的专家们也对此持有不同的看法，那么究竟什么是数学文化呢？

在进行数学文化研究理论的梳理时，我们不难看出学者对数学文化开展的研究都是从不同角度切入的，这也导致数学文化的概念具有一定的区别。例如，黄秦安从数学学科角度对数学文化进行了一定解释，他认为，数学文化以数学科学为中心，是由数学思维、精神、方法、内容等文化元素共同构建的，具有特定功能的动态系统。他强调了数学文化对物质文明建设与精神文明建设的理论支持贡献，是人类文明的重要后盾。

南京大学的郑毓信教授对数学文化的解释是从数学共同体的角度作出的。他认为数学文化不是对于数学知识的汇编，而是一种由数学家们构成的数学共同体参与的文化创造性活动。

AMS 的前任主席维尔德将数学视为人类文化的一个分支，也就是说，数学文化并非一个静态的知识集合，而是一个依赖于内部和外部的协同力量、持续演进和发展的文化体系。郑毓信也从系统的角度，揭示了数学文化的内涵，他认为"数学文化是一个独立于其他学科而又开放包容的系统"①。

通过对上述学者解释数学文化的角度进行分析，我们可以概括出他们多是从学科角度、文化的内涵外延角度、数学共同体角度以及系统的观点角度来认识数学文化的。通过对这几种观点进行比较，再结合广义文化的解释，作者更倾向于从文化的内涵与外延角度对数学文化进行解释，即数学文化渗透于数学活动的全过程中，可加强数学思想、精神、方法、观点、

---

① 黄永彪. 数学文化融入大学数学教学的实践研究［M］. 合肥：合肥工业大学出版社，2022.

数学家、数学史、数学美、数学教育、数学发展中的人文成分、数学与社会的联系、数学与各种文化的关系等物质财富和精神财富的积累。

（二）数学文化的育人价值

数学作为一种文化，必须体现其教育价值作用。数学的抽象性特点能够帮助人们更好地理解事物的共性与本质，同时数学还赋予了知识逻辑的严密性和结论的可靠性特点，是思想发展的重要依托。数学有助于帮助人们养成一定的数学观念、精神和思维方式，让他们能深入理解数学历史，欣赏数学的美，并将数学知识应用于生活实际中，领悟数学的价值与作用。

数学不只是拥有抽象、精准及广泛的使用性质，它也具备深远的教育意义，这主要表现在以下几个方面。

1. 探知科学的唯物辩证法

数学对于人们理解、研究及描绘实际世界中的物质数量和空间形态的联系起着关键作用，而实际世界则遵循着运动、转变和进步的唯物辩证规律。因此，在学习数学的过程中，人们会感受到诸如特殊性与普遍性、局部性与全局性、证明与反驳、总结与推理、抽象与总结、分析与综合等唯物辩证法的要素。经过深入的数学探索，我们能够理解推理和假设、逻辑推理和合理推理的融合性，这将有利于学生建立起唯物主义的科学观念。

2. 培育学生的理性思维

掌握数学不只是掌握数学知识，更重要的是要在解决实际问题的过程中，强调培养理性思维。数学思维是一种理性思考方式，它能教导学生如何去思考、分析问题，并通过提供解决问题的策略来进一步发展解决问题的能力。长期的数学训练能够培育学生严谨精细的思维方式，提升他们的观察技巧和抽象总结能力。随着解决复杂问题的经验累积，学生能够探寻事物的基本特性，研究事物间的内在联系，并预测事物的发展趋势。

3. 塑造良好的个性品质

数学是人类智慧的巅峰成果和独一无二的创新。数学的美感源于理性，它能够激发人们解决问题的热忱，进而塑造学生的优秀品格。在教育过程中，我们常常看到学生被问题所困扰，导致他们半途而废，他们完全无法理解牛顿为了解决球体在空气中飞行的难题所付出的努力和心血。只有当学生真正解决问题，他们才能体验到成功的快乐。虽然也可能遭遇失败的困扰，但这对于塑造学生的勇敢面对困难、坚韧不拔、正视失败的积极心态也是至关重要的。

学习数学文化不仅是新课程标准的要求，也是社会对于培养人的素质教育的要求，同时还是人的社会发展进步的要求。数学文化具有教育的价值，教师通过研究数学文化可以探索唯物主义科学辩证法，培养学生的理性思维，塑造良好的人格，从而培养和提高人们的数学素养。因此，在数学教育中，教师应加强对数学文化的研究。

二、数学文化教育对高职学生的作用

通过数学文化教育，我们可把数学视为科学、文化及教育领域中的重要组成部分，使得"科学—文化—教育"这三个元素能够紧密地结合。其核心理念就是通过传授数学知识、理论、技巧、心灵等，改善高等职业院校学子们的思考、理解、行动、态度及心灵，我们可以从几个角度对这些要素进行展示。

（一）有利于高职学生理性思维的提升与改善

在数学领域，有许多具体的知识点，但对于一般人来说，这些知识并不能在日常生活中得到应用。然而，高等职业教育的学生在接受了数学文化的教育后，他们所学习的思维方式可以被他们有效地运用，他们的思维组织、逻辑和严谨性可以使他们受益一生。

（二）有利于培养高职学生的应用意识

大多数高职毕业生的职业生涯都与人类的生产和生活紧密相连，这些职业中涉及许多数学问题。例如，工程技术专业的学生在从事建筑艺术工作时，可以遵循黄金分割定律。在高职生的数学课程中，教师可以融入数学文化中的黄金分割元素，也可以向国际经济贸易系的学生介绍中国知名数学家华罗庚，他在五粮液集团开发低度白酒中使用的"优选法"，还能被用于发现煤矿。这些数学文化的教育能够为社会带来数十亿的经济收益，也能让学生体验到数学在日常生活中的实际应用价值。

（三）有利于激发学生学习数学的兴趣

大部分学生认为数学是一门复杂、乏味且单调的学科，他们在接受数学教育时，往往很难被一连串的公式验证及乏味的实验所吸引。如果从更长期的角度考虑，他们会丧失对数学的热忱与兴奋，这会导致他们难以掌握数学。所以，在授课过程中，如何刷新数学观点、引起学生的求知欲，帮助他们更深入地领会并理解数学，以及营造出一种愉快的课堂环境，这些都是所有老师需要应对并处理的问题。教师需要将数学文化作为一种有效的工具，来引导和激发学生的学习热情。在课程中适当地传授数学文化，这样既能够引起学生的兴趣，也能扩大他们的知识面、增强他们的思考技巧，从而使他们觉得数学并非一门乏味的学问，反倒是一门值得持续探索和研究的有趣学科。

总之，利用广泛且深奥的数学文化教育来提升高等职业院校学生的数学修养至关紧要。

三、数学文化教育的原则

（一）开放性和相关性原则

在开展数学教育的过程中，教师需要深入理解数学的基础理论，同时也要对数学的精髓加以实际运用，并有效地将其融入学生的数学理论体验和社会文化的其他领域。只有这样，学生才能感受到数学的广泛应用性和可拓展性，并且能够在各个领域对其进行广泛的传播，从而获取数学文化的资源，为他们的数学学习提供必要的支持。虽然数学文化的主题广泛，可以涵盖所有领域，但是我们必须选择与所学知识相关的内容。教师应该根据数学知识收集和使用相关的数学文化资料，选择一些能更好地帮助学生理解和掌握数学知识的文化相关资料。这些资料还应该与学生的生活经验和其他学科紧密相连，这样有助于促进学生之间的知识转移，提升学习效果。

（二）典型性原则

数学文化的素材丰富多样，教师应选择具有代表性和典型性的内容和材料，以推动课堂教学。教师通过传授数学思维方式，可以起到良好的引领和示范效果，并能使学生在思维方式和科学精神上得到启迪。此外，我们选择的案例必须具有真实性和可信度，并且应该基于学生已经熟知的日常环境，让他们感受到事件的自然和随机，进而激发他们的兴趣。最理想的情况是，这些案例应该是在现实社会中可能存在的实际问题，这样，学生就能更轻松地找到对应的事物或模型，这有助于让他们体验到数学和日常生活之间的紧密关系。

（三）趣味性原则

兴趣的驱动力能够激励、引领并增强人们的学习行为。因此，将枯燥的学习主题转化为有趣的方式是一种能够激起学生内在驱动力的有效手段。这种方法不只能够从各种视角展现数学的美感，还能凸显与之相关的人和事物。因此，在实施数学文化教育的过程中，我们需要充分利用网络媒体，让教学内容更加生动形象，实现图文并茂，以便让学生能够获得最直接的认知和感触。比如，在教学活动中融入一些关于数学人物的趣闻，可以让学生对相关的知识产生深刻印象，同时也能让他们牢记某位数学家的卓越贡献和他们的奋斗精神。

（四）多样化原则

目前，一些数学老师的理解依旧偏颇，他们的认知仅仅局限于表面的知识，以为讲述数学历程就等同于推广数学文化。但事实上，如果要更深入地融入数学文化，我们可以通过各种不同的手段（如叙述故事、做游戏等）来以直接、鲜活和吸引人的方式展示信息，激发学生的学习热情。教授数学的各种方法会使得学生能够主动地参加学习，并且这种方法还可促进他们自主思维和团队协作的发展。

（五）可接受性原则

教学的内容和方式会影响学生的认知成长，因此在教学过程中，教师所采用的数学文化素材应尽量不超越学生的认知能力，同时也要能够促使他们向更高层次发展。现代教育观念强调学生的主导作用，教师开展教学时应遵循学生的认知模式。所以，在数学教育过程中，我们需要适应学生的年龄特征和生活体验，让他们能够依照自身的认知进步模式去构建知识，同时要确保数学文化教育的实效性。

四、高职数学教学中关于数学文化教育应用的路径

（一）高职数学教师树立正确的数学文化教育观

数学文化在高职数学教学中要能被有效应用，教师作为高职数学教学

活动的重要参与者，必须发挥引导作用，为此高职数学教师就需要树立正确的数学文化教育观。要鼓励高等职业技术院校的数学老师在心理层面更多地关注和理解数学的文化教育，深度研读和掌握数学的基本概念、理念和技巧，并深刻理解其对于教育的重大意义。此外，高职数学教师也要在课程设计过程中，恰当地融入数学的文化元素，以便学生获取更多的数学知识，增强他们的数学思考能力，并培养他们的数学研究精神，以此来促进学生将数学融入日常生活的实践技巧的强化。同时教师应成为五维教学思想的根本执行人，还要在教学活动中发挥调节者的作用，逐步将数学文化教育渗透到数学教学中。为了达到良好的数学文化教育效果，各学校应当组织、鼓励、引导一线教师积极参加教育研究培训，使其持续深化对数学思维和精神的研究，在扩大自己的数学文化知识的同时，提升自己的文化素养。我们应该运用自己丰富的知识经验，引导学生在实际的应用中更深入地体验数学文化的魅力。我们应该使用数学精神和数学思维来解决问题，不断创新和发展，加强数学知识教育和文化教育的融合，建立全新的数学文化教育观。同时，我们需要有清晰的教学理念和目标，提升专业技能，积累实践经验，并在教学过程中及时反思教学成果，实现知识教育与品格教育的共同发展。在教学过程中，我们应尽力为学生提供一个体验数学经验、探索数学思维的平台和空间，引导他们理解数学的本质和理性精神。

在把数学文化融入数学教育的过程中，教师需要把学生视为全部教育的核心，并且根据学生的知识层次差异，挑选出最适合的教育策略。

根据心理发展研究的结果，学生的思维发展有一定的阶段性，这是一个由组织和再组织构建的过程。他们经过多年的学习，其自身的能力、习惯、教育水平等都有所提升和进步，能够运用自己的经验，从自我认知的角度出发，在自我思考的层面上分析问题，并提出不同的观点。然而，由于他们的能力有限，他们得出的理解和结论可能不全面甚至是错误的。因此，教师需要根据学生的思考发展阶段，在尊重他们的现有认知能力的前提下，运用启蒙式的教学方法，对课程内容和节奏进行适当的管理，以激发学生参与数学文化教育的热情和主动性，指导他们找出错误背后的原因，并适时作出反馈，以提升他们的认知和思考能力。毫无疑问，接纳差异性并不意味着只是被动地接收所有的教学反馈，我们还需要运用恰当的策略来激起学生的学习热情，增强他们的学习积极性，关注与他们的情绪互动，刺激并协助他们向更高的认知层次进步。

所以，在授课过程中，老师需要摒弃传统的灌输型教育方式及题海战术，积极采取更多的研究型教育手段，同时要根据数学的学习特征，把促使学生的思维成长及提升他们的创新精神视为教育的核心任务，以最大限度地激发他们的潜能，使得教育过程能够真实地契合学生的自主思考与理解。高职数学的发展具有一定的过程性，学生素质、能力的提高也不是一蹴而就的，需要教师不断帮助学生在错误中寻找正确的出路，不能对学生的错误采用"一棍子打死"的方式，这样不仅容易摧毁学生数学学习的热情，还不利于提高学生的数学水平。应该遵循数学文化的教学过程，遵循"情境引导—获取新知—练习总结—强化运用—总结"的顺序，始终保持对学生主体的尊重和对学生经验的开放性接纳。在课堂上，我们可为学生提供大量的机会和时间去分析、理解和总结新的问题，帮助他们把新的知识转化为实际的经验，并将其整合到现有的认知框架中。因此，学生能够在"做数学"的旅程中积累个人的数学经历，构建全面的数学知识网络，同时通过交谈、探索和协作，发挥优势，弥补不足，扩大思维视野。

（二）加快高职数学文化教育师资队伍建设

教师作为教学活动的第一执行者，在整个教学改革中处于关键地位，且对数学思想与数学方式的改革具有巨大的推动力，对高职数学文化教育水平的提升影响重大。因此，在高职数学教学中开展数学文化教育，应加快高职数学文化教育师资队伍的建设，以更好地达到良好的教育效果。

检验高职数学教师合格与否，主要看三个方面：一是数学老师需要拥有坚实而深入的数学基础。他们需要全方位理解所教授的知识，并能够灵活地把每个知识点的重要性、功能和连贯性进行整理，以此来增加数学知识，确保以一桶水的量满足学生一杯水的知识需求；二是教育工作者需要精通科学的教育策略和技能。这需要教师全面了解学生的心理与发展需求，从他们的兴趣出发，在"教"与"学"中，选择恰当的教学方法与手段来掌控整个课堂教学流程，通过情景设置激发学生的学习欲望与兴趣，引导他们自主参与学习与探索，并营造良好的课堂教学氛围；三是教师应当具有一定的事业心与责任感，并热爱教学工作，以满足学生需求为己任，不断地通过学习与培训来更新自身知识体系，做好时刻为学生服务的准备。

虽然从表面上看，数学文化课的难度似乎并不像数学专业课那样，但实际上，它对教师的要求更高。它不仅需要教师具备扎实的数学专业知识、对数学有深入的理解，同时也需要教师在数学史、哲学、美学等领域有优秀的修养。尽管在一直强调数学技能训练的教育环境下，许多数学专业的教师缺乏人文和社会科学知识，尽管每个学校可能都拥有大量的数学教师团队，但真正能够胜任数学文化教育的教师寥寥无几。因此，构建一支能够适应数学文化教育需求的教师团队，已经成为各个高职院校进行数学文化教育的首要任务。如果这个问题没有得到解决，那么提升学生的数学素养就只是一句空洞的口号。

总的来看，无需全体教师投身于数学文化的探索，然而，每位教师都应该拥有一定的数学文化修养。新的教育改革强调教师在教学过程中激发学生的创新思维和实践技巧，同时也强调教师在课堂上提升学生的参与度、巩固其主导地位，以改变他们的"接受性"学习方式。所以，我们必须让高等职业院校的数学老师拥有前沿的数学教育理念以及深厚的数学文化修养，这将对数学教学的目标、手段以及成效产生直接影响。所以，塑造出具有数学修养的老师，成为数学文化教育的核心任务，我们应该安排老师定时研究数学文化，引领他们建立起对数学文化教育的理解，并且引导他们在教学过程中传播数学文化。

目前，为了应对高等职业学校数学教师短缺的情况，我们需要提升对数学文化教育的重视程度，同时也需要实施恰当的策略，激励那些具有深厚的数学教育专业知识和优秀的人文修养的教师参与数学文化的教学与研究。对于评估体系，我们需要进行适时的刷新。教师需要摒弃传统的以学生的表现为核心的评估方法，要将学生的进步放在首位，并通过深度的对比，提升教师的认同度，从而激发他们的积极性和主动性。以数学文化教育和研究为例，我们可以在科研任务和专业评估上给予一定的倾斜，这样可以最大程度地激发教师的工作热情。毫无疑问，一支优秀的教师团队将极大地提升数学和文化教育的实际成效。

没有一支优秀的教师队伍，高职数学课程就不能培养学生的关键技能。高等职业教育的使命决定了其培养的学生应具备综合技能。职业教育是一个特殊的教育领域，对教师的要求不仅局限于传授知识，还包括培养学生的技能。因此，高职院校应该深刻认识到教师的重要性。高职院校应采取多种形式对数学教师进行广泛的专业培训，包括教育意识与观念、教育理论、专业理论、知识更新、教学能力和现代教育技术等，从而增强教师培养学生关键技能的意识和教学能力。

为了培养学生的关键技能，教师必须具备相应的教学能力。例如，教师应该对当前学生可能从事的行业或职业的员工的基本能力要求和职业素质有一定的了解，教师应该能够利用符合学生实际生活、学习和工作的情况来创新课堂教学，从而找到合适的课堂实例。因此，数学教师了解所教专业学生的基本职业素质、基本能力和就业相关行业或职业的工作环境是非常必要的。在当今的网络信息时代，教师的信息收集与其处理能力和教学能力同等重要，掌握一定的信息技术是教师必备的素质。例如，流行的微课和MOOC需要一些计算机软件来完成设计和制作。目前，大部分数学教师缺乏计算机技术培训，对计算机技术的掌握程度不高，一般只知道基本的办公软件操作，甚至基本不熟悉Word、Excel等办公软件，对于新兴的数学软件、录像软件、语音处理软件、动画软件、绘图软件等教学软件不甚了解，然而这些操作软件并不是特别专业，有很多软件需要熟悉操作过程才能轻松操作。因此，高职院校数学教师培训的关键是更新观念，打破旧的瓶颈，加强新技术、新软件的培训并广泛地将其应用在高职数学教学活动中，以促进教学水平的提升。

（三）促进数学文化对高职数学内容的渗透

高等职业教育的核心是培养学生的实际应用能力，因此，高等职业学校的数学教学应强调实用性，这是现代高等职业教育的特性所决定的。高等职业教育培养的人才素质在很大程度上取决于数学素质的培养，这可在数学教学的实践中得到体现。在教授数学的过程中，我们需要妥善处理知识和技能、素质和应用之间的关系，在教授数学的核心知识点的同时，也要重视将专业实践问题融合在一起，为数学应用提供一个展示内容和拓宽发展途径的平台，以此提升学生主动获取现代知识的能力。教授高职数学课程时，教师应尽力打破既定的课程体系，推动相关课程和内容的融合与互动，推动各学科内容的融合，以提升学生的实践能力。因此，我们应该从实际应用或解决问题的需求、各专业后续课程的需求以及社会发展对高职院校人才的需求出发，来设计和确定高职院校数学教学的内容体系。

高等职业技术学院的数学教育大部分都是以专门的课程为基础，将这些专门的课程元素纳入数学的教育过程，这主要由教师的角色来决定。尤其在某些特定的场景，我们需要倚赖专门的知识，因为这些知识能够帮助我们正确地处理问题。所以，挑选数学实例时，必须考虑其专业性。如果缺乏优秀的实例，那么教师就无法清晰地展现出数学在各个领域的运用。挑选出适宜的实例，可加强数学专业知识的传播，这将对激发学生的学习热情起到引领作用。若是对土木工程专业的学子过度解释经济实例或者是物理运动实例，可能会使他们误解数学与其无关。此外，对于经济科目的学子来说，过度解释面积、体积等概念可能会妨碍其对数学的理解。因此，优秀的实例解答犹如一本优秀图书，其重要性在于它能激发学生的热情。

挑选适宜的示范问题能够提升学生对专业知识的领悟力，也能使其了解到数学的关键作用。

高职数学的革新需要根据专业需求调整教学内容。教师要以专业课、后继课为起点，了解学生毕业后继续深造和岗位需求，认真钻研数学内容，适当进行调整。高职数学教学内容的调整，一要符合专业需求，二要响应国家课程思政、美育的要求，并增加数学文化教育内容。开展数学文化教育时，教师需要关注教科书的丰富性。我们不能只依赖数学的历史记录来理解数学文化。事实上，从大局角度去审视数学，以及从历史角度去探究数学的发展，都是揭示数学文化的关键路径。然而，数学的历史记录仅仅是传达数学文化的媒介。除了对大规模历史进行研究，我们还需要关注一个小视角，也就是要从特定的数学理论、技术手段及思维方式中去揭示数学的文化内涵，并呈现出数学的美感。若教师只是讨论数学家的个人经历、生活状况及事件，可能会激发学生的厌恶情绪。因此，我们应该根据学生的理解能力和教学内容的准确阐述，让他们了解数学理论和思想的演变，掌握不易得到的真理，并通过学习富有启发性的故事感受数学经验的发展过程，理解数学家和数学历史上的重大事件。教师不仅需要将数学文化知识融入课堂教学中，同时也应该理解数学文化知识对于进一步的教学有着重要的作用。无论是数学概念和原理的演变过程，还是数学思维活动的塑造过程，都对数学教学有着实质性的影响。教师需要利用数学思维历史中的疑惑，预测学生在成长过程中可能会遇到的学习难题，并努力找出这些难题的根源，通过数学思维的进步寻找解决和突破的途径，还要有针对性地构建教学环境，强化教学的重点和难点，这有助于帮助学生打破困境，解决问题。

在对学科进行分类之后，同一个学科通常包含许多不同的专业，而这些专业也通常有许多不同的研究发展路径。在知识爆炸的情况下，专业教师都无法掌握该学科内的所有知识，学生则更不能。数学老师要了解学科的基本素质、能力，尽可能多地了解相关领域的研究进展和重大事件。尽管我们不能期望这些领域达到与专业知识相匹配的效果，但是起码要明确十种相关结果或方法中的一种或多种可能对新的研究发挥的启发性和帮助作用。教师和学生都受益于这些知识的组织，丰富的资料有助于学生识别自己的兴趣，同时也能够提升和磨炼他们的技能，以帮助他们找到有效的信息，从而养成习惯良好的数学文化学习习惯。

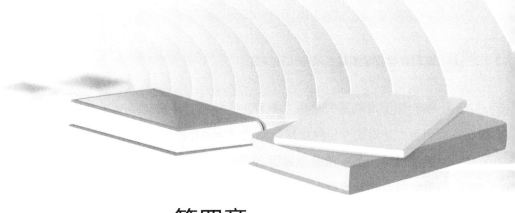

第四章
高职数学教学方法与模式改革

本章主要介绍高职数学的教学方法和教学模式改革，并对现代教育技术下的高职数学教学及基于专业服务的高职数学教学改革进行了介绍，从多个角度展开了研究。

第一节　高职数学的教学方法改革

一、高职数学教学方法概述

高职数学是一门理论性极强，融合了严谨的逻辑推理、复杂的计算和严谨的理论推导的基础学科。在教授高职数学的过程中，许多教师认为数学的教学仅限于概念、定理的解释和计算方法的讲授，缺乏有效的教学策略，难以生动、形象地进行教学。

（一）渐进分析法

大部分的教材都会使用"演绎法"来阐述定理或者公式，这种做法是一种逆向的思考，即依照定理的本质，直接寻找解决数学问题的途径和策略。然而，从另一个角度来看，这种教育手段可能会限制学生的思考。若运用"分析法"反向拓展思考，学生往往能获得更优秀的成绩。也就是说，教师应该让学生清楚地知道自己的目标是什么、现阶段还存在哪些资源可供使用，并且要教他们如何在资源与目标之间建立联系。

（二）对比式教学

高职数学具有极强的逻辑性，并且每一个章节之间的联系非常紧密。在授课过程中，如果能够将这些相关的内容进行比较和对照，那么教师不仅可以帮助学生更深入地理解这些内容的差异和相似之处，还能将这些内容连接起来，构建出一个完整的理论框架。例如，当我们讨论多元函数微分学的内容时，我们可以将其相关的理论和一元函数微分学的相关理论进行比较，让学生理解多元函数对特定变量的偏导数其实就是将多元函数视为该变量的一元函数时，对该变量的导数。

毫无疑问，我们在讨论相互关联的时候，必须特别注意它们的差异。在一元函数微分学里，可导、可微和连续的关系非常明显。可导和可微是相等的，而可导和连续的关系可以被总结为"可导必定连续，连续不一定可导，不连续必不可导"。然而，在多元函数微分学里，连续性、偏导性（可偏导）、可微性及偏导性的连续性的联系并非易于理解。因此，通过比较学生对一元和多元微分学的相关概念，我们能够获得更深入的认知和理解。

我们也能够运用一种创新的教学法——建构式教学法。这种方式的核心理念是，在老师的引领之下，学生积极地吸收老师的讲解及他人的学习成果，经过处理和理解，使自己形成他人的知识架构。然而，这种学生的积极参与并不意味着老师能够对其置之度外。教育工作者需透过详细的阐述，以自己的实际经验来影响和指导学生，激发他们的思考和探索热情；在另一个角度出发，教育工作者也需要建立一个让学生积极参与的学习氛围，还需要和他们公正地交流，激发他们的创新思维，以此来开发他们的洞察力，发掘他们的潜力。一个优秀的学习氛围应该能让学生拥有充足的独立学习机会以及可以随心所欲地探索知识的领域。

此外，教师要通过对相关或反向的内容进行深入的比较，利用问题的特性来提高学生记忆效果，防止混淆。举个例子，在教学过程中，我们会着重强调不定积分和定积分的概念差异，并通过图像来展示它们的几何含义，以阐述它们的区别。导数和微分的表达方式各异，它们在同一图像中的几何含义也有所差异。全概率公式和贝叶斯公式在处理问题时的核心是不同的，我们可以通过图表的方式来展示这些差异。

（三）由此及彼法

该方法强调通过生动形象的比喻，对严谨和抽象的数学理论进行深入的教学，从而更好地揭示问题的本质。传统的教学方式仅仅是教师一味地灌输知识，将学生视为储存知识的"容器"，这无法充分发挥学生的主观能动性。我们要选择从生动且具体的案例和图表出发，提出一些吸引人的问题，然后通过有序的分析，引入新的理念。

（四）自学自讲法

教授数学并非仅仅是传授解题技巧，更需要教师适时地指导和提出疑问，以此激发学生积极思考，并主动吸收新知识。对于一些相对简洁、计算方式标准的内容，或者一些相互关联的知识，我们可以使用预先自我学习的策略，将即将在课上讲述和掌握的知识以问题的形式呈现给学生，使他们能够有针对性地进行学习。比如，我们可以让学生利用他们已经掌握的知识来理解和应用不定积分的定义和特性，判断函数的单调性，多元函数的极限、连续性，求导的方法，以及多元函数的最大值计算方式等。采用这种方式可以防止教学内容的重复，增强学生的自我学习能力。在概率论和数理统计课程中，我们可以将假设检验这一部分作为自我学习和讲解的内容。由于学生已经对均值检验有了深入的理解，并且已经掌握了检验的基本原理，我们可以提前布置几个关于方差的问题，让几名学生提前做好准备，然后在讲台上讨论这些问题。

（五）讨论互动法

1. 营造良好的课堂讨论气氛

在授课过程中，教师和学生的地位是平等的，而非仅仅保持顺从或者服从的关系。教师需要倡导教育的民主性，在解答问题和探讨问题时，积极激励学生勇于提出疑问、表达观点，让他们在交流和学习的过程中感受到"自由"和"轻松"。只有这样，学生们才能在课堂上勇敢地提出疑问、自由表达、共享思考，逐渐塑造一个轻松、民主的教室环境，为学生的学习创造优秀的条件。在教育过程中，问题的设计水平也会对课堂讨论的氛围和效果产生影响。假如制定的学习问题难度过大、知识点过于烦琐，学生可能无法对其理解和接受，也就无法进行有效的学习讨论。

2. 确定讨论问题

教师要提供讨论的大纲，以便学生能够自我设定目标和方向，并依此进行教材的阅读。这些大纲可以帮助学生有目的地、有选择地去理解教材的主要和难点。也可以通过教师的指导，让学生在发现新的知识之后，再开始阅读教材，这样可以使他们对这堂课的新知识有一个初步的理解。当学生进行阅读时，他们必须在阅读的同时，深入思考书中的概念、定理、公式、法则、性质等，并且按照导读提纲的指引，理解知识的产生、演变以及形成的过程。他们需要对自己在学习过程中遇到的困难进行初步的质疑。为了满足学生的知识渴望，同时也为了最大化利用有限的课堂教学时间，我们鼓励他们在上课前做好预习，然后在这个基础上对教材进行初步的质疑。在教育过程中，我们会体会到，预习是一种有效的学习方式，可激发学生的学习欲望。

当精挑细选讨论主题时，教师需要考虑以下几个因素：首先，需要挑

146

选那些与实现教学目标紧密相连的主题；其次，需要挑选那些可能引发争议的主题，以此来创造课堂讨论的环境；最后，需要挑选那些学生目前无法自行理解和解决的主题，这样的主题可以激起学生的讨论热情，可以使学生的思考方式提升到更高的水平。

3. 实施"三轮"方法，正确引导

在实行"讨论型教学"的过程中，我们需构建 "三轮"的讨论方法。

第一轮：广泛讨论。这指的是在学生个人预习和初步质疑的基础上，先进行小组交流问题，经过小组内部的筛选后，由各组代表向全班提出问题，教师则在众多问题中整理、总结出若干具有普遍性和共性的问题，然后将其推广到全班。

第二轮：基于"泛谈"的方式来确定讨论的主题，并鼓励学生们进一步思考和研究。在这个过程中，我们常常会遇到几种情况：首先，有些学生会因为一些细枝末节的问题而争论不休，这时候教师需要引导他们去探讨关键的问题；其次，有些学生只是简单地讨论一些现象，而没有深入理解问题的本质；最后，有些学生在讨论过程中只是就事论事，这时候教师需要引导他们运用已经学过的理论或知识去分析问题。

第三轮：对抗性的讨论。对抗性的讨论其实是课堂讨论的一个高潮。教师应该激励学生提出各种不同的观点，甚至是尖锐和强烈的观点。有时候，两者的对抗可能会引发争议，这是一件好事，创新的优势可能就体现于此。我们所关注的并非是某种特定的结果，而更多的是对于讨论和思考的过程的重视。

4. 练习巩固

这个阶段的目标是强化知识的掌握。教师需要精心策划练习题，强调解题的思维路径和思考方式，突出在练习过程中遇到的困难和疑惑。教师应首先让学生自主思考，然后分组讨论，最后通过教师提问或学生示范的方式推动全班的分组学习，以创新性地解决问题。

5. 归纳总结

归纳总结指的是将已掌握的知识进行总结和梳理，强化所学的内容。在课程结束时，教师和学生需要共同参与归纳总结。首先，让学生分享他们的学习感悟、经验，并讨论在学习过程中需要注意的问题，然后由老师给出解答。学生们通过分享他们的学习经验，往往能够找出知识和技巧的重要部分，这样更容易被其他人接受，从而能获得单独小结无法达到的效果。

（六）适度启发法

启发式教学的出现颠覆了以往的灌输式教学模式，这一点无疑是所有教学手段所不能忽视的。一部分人可能已经意识到它在教育过程中的关键性，但他们对于如何准确运用启发式教学手段仍然感觉困惑。事实上，精准运用启蒙式教育的核心在于了解如何提出、在什么时候、什么情况下回应，以及怎样回应的技巧，从而进一步掌握优秀的教育技巧。尽管启蒙式教育有很多优点，我们绝对不能对其过度应用。恰当且合适的运用启发法可以增强教育成效，有助于激发学生的学习热情，同时也有助于强化他们的问题解决技巧和应对策略。

所以，在开展启蒙教学的过程中，教育工作者需要深入理解课程的主旨，并准确地识别问题的本质。他们需适度地提出疑惑、指导学习并激发思考，他们也需要掌握教育心理学的理念，了解学生的心理状态，并根据这些信息来适时地修改课程内容，以促进教学的交流和互动。

（七）设置悬念法

引入一些概念、介绍运算方法及实践数学应用，如果采用常规的教学方式，学生只能被动地接受，缺乏积极的思考，更别提对学习产生兴趣了。

通过设置悬念的方式，教师可以分散学生对难题的注意力，从而提升他们的学习积极性。

（八）归纳法

1. 对教材的内容进行整体的归纳

让学生掌握全书的大体框架，理解全书的研究主题、研究范围及研究手段。比如，高等职业数学的上下两册主要研究一元和多元函数，内容涵盖微分和积分，其中微分涉及极限和导数，而积分则包含不定积分和定积分，两者相反，研究的主题是极限问题。

2. 对同一数学问题进行系统的归纳

比如，八种不同的极限分别是：分子分母的约分法、通分法、关键的极限法、取对数法、分子分母的物理和化学法及洛必达法则。学生已经熟练地识别出这些极限的种类，并且能够找到寻找这些极限的办法，对于定积分的运算，他们也可使用一样的策略。

3. 对同类型的教学内容进行横向归纳

比如，在导数的概念中，我们可以看到一元函数的导数、多元函数的偏导数及方向导数等，它们的本质都是关于变化率的问题，但它们之间存在差异。前两者都具有双边极限，而方向导数则只有单边极限。再比如五种主要的积分形式，它们的核心都是分割、近似、求和及取极限，只是在积分的区域上有所不同，包括区间、平面区域、空间区域、空间曲面及空间曲线。然而，它们都能被整合在一起，从而使学生对这个部分的理解更加深入和全面。教育策略的选择应该和教育课程的构建及教育工具的运用紧密相连，我们不能盲目地或者过分地认定某种教育策略就是最优秀的。

（九）练习法

这个方法指的是在课后的练习和考试中，通过引入经典的案例，来提升并测试学生的分析和处理实际问题的技巧。其独特之处在于：处理和解决实际问题的技巧是建立在一定的理论知识之上的，而且训练的过程是可重复的。通常，我们将训练分为解答问题和实践操作两部分。解答问题的训练旨在强化学生利用已掌握的案例知识和原则来处理实际问题的技巧，这种方法在教学过程中得到了大量应用。而实践操作的训练则是为了帮助学生掌握一些相关的技术，使用多种手段来实施案例教育是极其关键且必不可少的。

（十）案例教学法

1. 重视案例选编工作

全面的案例汇编是实施案例教育的基础，如果没有足够的、可满足教育目标需求的教学案例，那么案例教育就不能被广泛应用。虽然大家已经认识到案例教育的优点，并在教育过程中积极推动这种方式，但我们仍然缺乏高品质的案例库。鉴于优秀的教学实例数量稀少且分散，教师们需要一起努力去搜集和创作实例。根据目前的状况，我们能够通过以下方式获得实例信息。

第一，实地考察以满足教学需求，并针对性地搜集案例。

第二，参考相关资料或教材中的优秀案例。

第三，通过报纸、杂志和互联网等信息平台收集和编写教学案例。

需要强调的是，案例编写与论文写作有所不同，也与一般的试验研究报告有所区别。虽然案例教学法需要讲述故事，但是我们必须理解自己所描述问题的理论基础和逻辑，明确研究和讨论问题的理论架构。

2. 运用灵活多样的方法进行数学案例教学

教师在实施案例教学时，应灵活运用各种学习方法以实现教学目标。在运用这些方法的过程中，教师需要牢记两个基本原则。

（1）根据教学需要选择案例

教师需要根据教学内容挑选案例，并考虑案例所包含的知识和学生已有的知识基础，要通过案例分析来实现复习旧知的目标。同时，我们也需要考虑学生的具体情况，选择难易程度适中、简洁易懂的案例，不能过于追求全面性和过分追求成功。

（2）根据案例内容确定教学形式

在新的章节开始时，教师的讲解应该被适度地添加进去，教师要通过吸收已经掌握的知识，然后提出新的疑问，将学生带入新的学习领域，这样能够有效地指导他们的学习。在一个章节或者一个单元结束后，我们应该更多地运用案例讨论的方法，让学生通过讨论和教师的总结，在他们的思维中构建一个更为系统和明确的知识体系，这也能让原本枯燥的理念变得更具有生动性和形象性。

3. 创造适合数学案例教学的时间和空间环境

为了收获预期的教学效果，教师首要任务是要创建一个与案例教学相匹配的教学环境。在班级规模上，案例教学倡导小班授课。在教学时间上，我们需要确保学生有充足的预习和准备时间，以便他们能够深入且细致地思考问题。同时，我们也需要确保课堂上有充足的讨论时间，以防止学生无法有效地进行讨论，从而影响教学效果。在时间分配上，我们通常需要精心挑选4～5个具有代表性的案例在课堂上进行公开讨论，剩余的则作为额外的作业。这种方式不仅能够加深学生对课程内容的理解，使其掌握案例讨论的基本技巧，同时也能节省每门课程在案例分析时所需的课堂时间。

二、高职数学教学的实践方法

（一）数学公式及定理方面的教学法

高职数学是一门基本课程，其结构全面且阐述严密，教材里包含了大量的公式和定理，而在课堂上验证这些公式和定理的准确性，只是数学领域的一项任务，并不涉及数学的实际应用、实用价值及为专业服务的目标，特别是与高等职业教育的培养目标——培养应用型技术人才存在着较大的区别。因此，缩短定理证明的过程已经变成高等职业教育的一大特征。但是，人类的思考具有其独特的规律，仅仅理解其表面，却不理解其背后的原因的理解方法无法满足我们的常规思考需求，这在课堂上就会导致学生对于未经证实的结论感到僵化、突兀，难以理解，从而影响他们对这些公式和定理的运用。

1. 直观性教学法的模式：由特殊到一般

在剔除定理证明的情况下，为了降低学生对该结论的困惑感、提升他们应用结论的技巧，教师仍需要对大部分定理的结论来源进行阐述。在探索每一个具体的结论和公式的解释方式时，应该采用何种思维模式呢？我们持有的观点是"从特殊到普遍"的模式是相对可行的。在引入一个结论时，我们要用一个学生熟知的具体实例来阐述这个结论在特定情况下的正确性，然后将其扩展到一般情况，这样可以让学生在思考过程中自然地接受这些结论，并且更容易对其加以理解，有利于记忆和应用。在教育过程中，一个重要的观点是，我们必须在使用特殊到一般的教学方法时，不断强调结论的正确性。我们可以提供严谨的数学证明，但这种从特殊到一般的教学方法只能引入或解释结论，并不能真正替代严谨的证明。

2. 直观性教学法的方法：几何分析法

几何分析法的定义是指将几何图形作为特定的实例来研究定理的结果。这种方法能够对微积分中的极限四则运算法则、单调性判别法则、极值判别法则、中值定理、原函数存在定理等众多关键的定理结论进行适当、清晰、全面且直观的分析。这个分析过程的详细步骤是：寻找符合定理条件的几何形状；利用这些几何形状来阐明定理的条件和结论，并进行深入的分析。

依照微积分的属性，我们可将几何分析法划分为三大类别。

第一，曲线趋势法。这种通过观察曲线的变动趋势来分析相关的定理与公式的技巧，也被称为曲线趋势法。在实际的教育过程中，这种方法对于研究函数的最大值的定理与公式更为合适。

第二，切线分析法。这种方法强调基于导数的几何含义，通过分析曲线的切线状态来推断定理的条件性结果。这种方法非常适合在微分学的课堂上应用。它能够通过曲线的切线特性，阐述和描绘微分学的许多定理的结果，同时也能够帮助学生记住许多定理，从而显著加快学生对定理、公式的理解和记忆速度。

第三，面积分析法。这种方式指的是通过计算曲边梯形的面积和定积分的几何含义来研究定理。这种方式在积分学领域非常有效，包括原函数存在定理、牛顿-莱布尼茨公式等在内的主要定理的相关问题都能通过面积分析法得到解答。

3. 直观性教学法的方法：表格分析法

对于那些无法通过几何图形来解释的问题，我们可以使用表格分析法。

4. 直观性教学法的方法：解析分析法

解析分析法是一种引入一个问题，通过学生熟知的特定例子的解析方式来推导出结论，然后进一步推导出一般定理的方法。

（二）高职数学概念的教学法

主要的高职数学理论包括：极限、导数、微分、积分等。这些理论的出现都源于科技进步，也就是说，这些理论的形成都基于实际问题的需求。很明显，从实际问题中引入这些理论是十分必要且合理的。实际上，高职数学教材一直在努力改进，但是其中的示例并未针对每个专业进行特别设计，因此，各个教学班级的老师需要寻找与自己专业相匹配的示例来引导理解。在完成理解之后，为了更好地对其加以运用，教师还需要从数学的视角来强调对理解的严谨定义。通常的教材在阐明了数学概念之后，就不再让学生理解这个概念的实际应用，而是直接进行计算。这样的做法使得学生对计算技巧非常熟练，但在专业课程中当需要使用某个数学概念来阐述这个专业概念时，学生们往往会感到困惑，这就是数学概念教育的一个误区。

1. 从专业的角度引入，提出数学概念

依照讲解的课程主题，我们需要优先挑选与主题相似的问题进行理论讲解，以此实现"走出去，请进来"的目标。"走出去"意味着在教学前期，数学老师需主动向专业课程的老师寻求帮助，向他们介绍专业课程中使用的数学知识和相关的思考模式，同时，数学教师还可以通过浏览一些与主题有关的专业书籍，理解数学在专业领域的运用；"请进来"则意味着数学教师要将相关的专业理论融入数学课程中。要强调数学的实际运用，在课程设计中，着眼于"必需、够用为度，以为专业服务为重点"等方面。

2. 从数学的角度去定义概念

在通过专业案例总结出数学理念之后，我们需要用数学的方式来阐述这个理念的含义及相应的数学名称和标记，这是高等职业教育数学教学的

需求，同时也是进一步进行数学运算的基础。

3. 从工程技术的角度去给出概念的名称

在工程技术领域，有些数学理念有其他的名称，理解这些名称对于运用数学来处理专业问题是非常关键的。比如，在工程技术中，导数常被称为变化率，瞬时电流强度等许多专业概念都是用"变化率"来表达的。使用工程技术的术语来描述数学的概念，可以帮助学生将数学知识与专业知识紧密结合。

在教授概念时，我们要从不同的视角来解释概念，其最终目标是让数学概念和专业知识更紧密地结合。为了让这种教学手段真正起到作用，我们需要增强对数学概念的相关教学。因此，我们在课堂上要采取能力要求教学法，设定对每个概念实际运用能力的标准，这个标准需要适当，这样才能有助于专业学习，我们可以将其划分为两个等级。

第一，当专业概念或问题被提出时，学生需要具备识别问题属于哪一个数学概念的能力；第二，对于较为简单的问题，他们应该能够运用数学概念，构建数学模型并解决它们。

（三）高职数学计算性教学内容的教学方法

计算问题在数学中占据了重要的位置，这充分展示了数学的实用性。只有掌握了计算技巧，学生才能解决问题。然而，一些运算过程复杂且需要高超的技巧，难以掌握。为了解决这个问题，我们要在教学过程中采用笔算和机算相结合的方式。

（四）高职数学应用性问题的教学方法

高职数学的应用性问题是该课程的核心部分，它是数学与其他科目教学的连接，也是提升学生技术能力的关键步骤。对这一部分内容的教学策略进行深入研究，是推动高等职业教育改革的关键步骤。因此，我们要将应用性问题的研究列为研究主题之一。在讲解这些问题的时候,我们可尝试一种实用的问题解决方式——思维分析法。

1. 应用性问题教学模式

教学方法应以解决问题所运用的数学理念为基础,将所有问题根据课程内容进行分类,如数学、力学、物理和天文学等。这种方式会使得学生只是记住公式,并且将数学问题与其他学科问题分开,忽略了对学生技能的培养,这不符合高等职业教育对人才培养的需求。在多次进行课程教育的尝试和深入研讨后,我们要更新并改良之前关于数学应用问题的教育分类策略,放弃传统的学科划分,转向将解答问题时运用的数学理念作为分类标准的全新教育模型。这种方式更侧重于让学生运用数学理论,而非仅仅依赖于记住数学公式,同时也更看重学生在处理应用性问题时,对实际效果的考虑。采取这样的分类来教导实际问题的策略被定义为思维分析。该策略的优势在于,它能帮助学生"掌握"数学知识,而且掌握最关键的"运用"数学知识的技巧。

2. 应用性问题的教学法——思想分析法

根据高职数学的教学框架,应用性部分的教育理念主要体现在三个方面,也就是极限理念、导数理念和积分理念。鉴于这些理念方式存在差异,在具体讲解应用性问题时,教师应当采用相应的教学策略,具体如下。

(1)极限思想应用——概括教学法

所谓极限思想被称为极限理论,这种理论在高级专业教育中占据了核心地位,并且一直延续至教育的全程。其实,它的运用主要体现为提供一些关键的理论,如导数、固定积分、二重积分等,并对其特性进行一些推理。鉴于初等数学与高等数学之间的巨大转换导致研究目标与方式的明显不同,为了帮助学生适应这种转型,我们在该部分的教学过程中要实施综合性的教学策略。该策略包含从老师到学生,然后再到学生的认知信息的整个学习流程，其核心是老师的综合性总结，目的是让学生掌握极限的思维模式，并且能够运用其来辅助接下来的学科学习。

（2）导数思想应用——引导发现教学法

导数可揭示实际情况下的变动速率，也就是函数与自变量之间的变动速度。导数理论的运用主要是为了处理一些不均衡的变动速率问题，所有这种类型的变动速率问题都能通过导数来处理。在这个部分的教学过程中，我们可使用引导式的发现式教学方法。被称为引导发现教学法的方式，就是通过解读各类资源，指导学生搜集和梳理信息，从而找出其中的规律。这种方式能够有效地激起学生的学习热情，提升他们的创新能力。

（3）积分思想应用——过程教学法

积分思想的核心目标是处理特定范围内的不平衡数值。当我们运用积分思想来处理这些数值问题时，我们最初要考虑的就是"无限"的概念。这个概念就是积分思想的起源，也就是说，我们要看需要的总数值是否有可能被无限地划分为无限的单位，如果有，那么我们就需要经历计算微分和计算积分两个阶段来获取需要的总数值。为了帮助学生深入领会积分的概念，并将其运用至日常，我们要在教学活动中提炼出过程教学法，通过这种方式，学生可以满足对积分概念运用的需求。这种教学法的核心是引导学生投入和体验全程的思考，它的独立性和思考性可完全展示学生作为学习的核心，从而鼓励学生积极地进行思考。

（4）思想分析法的显著特点

将增进学生"运用数学"的认知与技巧视为应用性课程改革的核心，可激发学生的学习热情，提升他们的自我驱动力。这可充分展示教师的引领角色和学生的主体地位，实现对学生运用技巧、创新思维、信息搜集与处理技巧的培育。

（5）用思想分析法应注意的问题

要将思想分析法与日常生活的知识紧密相连，借助多种方式展示与数学核心理念相关的信息，刷新教育内容，赋予其时代性，进而激发学生的学习热情并提升他们的学习动力。例如，当运用导数理论来解决问题时，教师可以引入彩电、手机竞赛等相关文章，让学生理解为何彩电、手机能够不断降价并获取收益。在强调运用数学理论的同时，教师也需提升学生的解决问题的能力，并且要及时给出反馈，以弥补他们在思考和技巧上的缺陷。要鼓励学生去听取分析，去理解其中的关联，去理解如何应用数学理论，而不是只关注解决问题的方式。

（五）习题课教学方法

高职数学习题指导课是一种以单元为基础的综合性教学，其内容涵盖了全面复习和实践练习。这个环节对于教学来说至关重要，它是对课堂教学的深度拓展。习题指导课的核心职责就是通过复习和实践练习，帮助学生更深入地理解基本概念及其相互关系。

1. 题指导课的准备

在开始习题指导课程之前，我们需要先了解学生的情况。我们需要掌握他们在课堂上对知识的接受程度，以及哪些知识已经理解、哪些知识还需要进一步理解。我们需要了解学生的原始基础、已经掌握的知识、技能的水平，了解学生的需求，以及他们的学习方式和习惯等等。在掌握了基础知识后，我们还需要进行深入的研究。在这个过程中，我们需要有准确的预测能力，能够预测学生在做习题指导课程中可能遇到的困难和挑战，然后开始准备习题指导课程的教学内容。

2. 习题指导课教学的内容选择

若想有效地开展习题引导课程，教育素材的选择至关重要。习题引导课程的素材应该包含三个方面。

第一，我们需要回顾并概括该章节的核心信息，明确其中的焦点、困扰及疑惑。在回顾与概括的过程中，我们需要深入理解并精练教材，并以明确的方式将其概括，让学生不仅能够领悟其中的新颖之处，也能够轻松理解并记住相关知识。例如，当我们学习了极限一章之后，我们可以将该章的内容概括为五个定义、四种关联、三个特征、两种计算方法、两个标准、两个极限，其核心在于理解和计算极限的含义，也就是寻找不确定的极限的方式，而关键在于精确地界定极限。

第二，我们需要总结出各种习题的种类和解决策略，这样可以将问题的处理过程进行系统性的整理，从而帮助学生更好地理解和应用相关知识，并增强他们的解决问题的技巧。

第三，我们需要挑选具有针对性的练习题。所选题目应包含广泛的知识点，也就是一般性的问题，这样大多数学生才能理解；所选题目应具有典型性，方便学生从中吸取教训；应包含理论性的题目，以帮助学生掌握基础理论；应包含理论与实践相结合的题目，以提升学生运用所学知识分析问题和解决问题的能力。

3. 先练后讲

在习题指导课中，我们应该给予学生更多的参与机会。教学过程中，教师和学生是两个主要的参与者，只有充分利用他们的主观能动性，才能有效地推进教学。为了让学生充分发挥他们的主观能动性，我们必须为他们提供更多的参与机会，让他们在习题课中发挥主角作用，以此来激发他们的学习热情。教师有时会主导讲解，进行单向的教学；有时则是边讲解边练习，师生共同解决问题；更多的情况下，是以学生为中心进行讨论和分析，让学生表达自己的看法，教师最后进行总结。教师可以随意指定几名学生在黑板上进行演算，其他学生则自行思考或与其他学生进行讨论。在完成某一题目后，如果其他学生认为这个题目的解题方法不对或者有更好的解决方案，他们仍然可以继续进行计算。当所有学生都完成了这些题目后，教师要逐一进行评价，所有学生都要参与讨论。对于错误的部分，教师要分析错误的原因并进行纠正。然后，教师和学生要一起讨论是否存在其他的解决方法，如果有，他们需要比较这些方法的优劣，并向大家推荐那些解题方法正确且思路独特的方法。

4. 作业总评

对学生在作业中经常犯的错误进行归纳和分析，有助于提升学生的解题技巧，并能培育他们的严谨思维。因此，在习题指导课程中，教师有必要明确学生在作业中的各种典型错误，逐一进行评价，指出错误的核心部分，让学生明白错误的根源，吸取教训，防止未来再次犯同样的错误。要想更好地完成习题课程，还需要重视以下几个方面。

首先，我们需要重视对学生逻辑思维能力的培养，这种能力涵盖抽象和概括的技巧、分析和综合的技巧以及归纳和演绎的技巧；其次，我们需要重视对学生发散性思维的培养。发散性思维是一种不受常规束缚、寻求变化、强调从多角度探索答案的思考方式。受这种思维模式的推动，学生们的思维可充满活力，敢于探索，擅长发现。

在培育学生的发散思维时，需要注意：在解决问题之前，尽量提供多种可能的想法和解决方案，以此来激发学生的积极性，并引导他们从多个角度去寻找问题的根源，把握问题的核心，并寻找最优的解决策略。在解决问题时，我们需要将焦点集中在对问题进行深入剖析的步骤上，要将教师的详细讲解与学生的大量实践相融合，挑选具有代表性的示例，全面剖析问题的解决策略和答案，力争实现一个问题有多种解决方案、一个问题多样化、一个问题被多次提出，这样可以增强学生对已学知识的领悟程度，并激发他们的创新思维。

第二节 高职数学的教学模式改革

通常，我们将教育模式视作在特定的教育观念或者教育理念的引领之下，形成的相对固定的教育行为的组织架构与流程，它可代表执行教育行为的全套策略。那么，对于数学的教育模式，我们应该怎样去界定呢？作为教学方法的特殊表现，数学的教授方法以特定的数学教育理念为根据，并建立在实际操作的基石上。对于高等职业的数学教育，我们需要激励学生主动投入到课堂活动中，这也正是我们进行教授方法改良的初衷。

一、高职数学创新教学模式

（一）研究型教学模式

这种教学模式要求教师将教授的内容视为一个研究主题，或者提供一个问题环境，让学生在教师的指导下，积极地去寻找、发掘，并创新地解决问题，从而获取知识并增强能力。至于探索的方式，可以由学生自己进行，也可以由教师主导，但在这种情况下，教师的卓越教学技巧已经将学生的思考引向解决问题的路径。研究手段包括实验、观测、运算、对比、总结和这些手段的融合。探索型的教学模式可以激发学生的思考热情，推动他们将外部驱动力转变为内部驱动力，协助他们理解并记住知识，培养他们的迁移技巧，有效地训练他们寻找并处理问题的技巧，塑造他们的创新精神，提升他们的创新能力。同时，高职学生的学习重点在于能力的培养，他们需要在学习数学的过程中去探索为何要学习这些知识，为何会有如此的想法等。因此，这种教育方法非常适合高职学生的数学学习。

（二）实践活动型教学模式

这种教学模式鼓励教师和学生共同参与数学实践活动，以提升他们的动手能力和创新思维，其基本的教学流程是"提出主题—进行活动—讲解新知识—总结反思"。其主要特征是在课程开始前，教师要先为学生做好充分的学习准备，通过设定情境来提出主题，然后进行实践活动，如搜集资料、进行调查、进行数学实验、制作等。在这个过程中，教师要有针对性地解释和介绍新的知识，然后进行活动，最终布置巩固练习和总结。

（三）自学辅导型教学模式

这种教学模式强调教师要通过引领，帮助学生理解和掌握数学的知识，以及学习的技巧，并且帮助他们形成优秀的学习态度，同时提升他们的独立学习技巧。这种方式可明确地展示老师的领导地位和学生的参与度，这种教育模式的基础架构包括"提出目标—独立学习—讨论交流—解答疑问—强化练习—总结反思"。这个方法的核心在于：首先，教师会向学生设定清晰的学习目标，并引导他们根据这些目标去阅读课本或者参考资料；其次，他们要进行互动和探讨，并将自己的疑虑和困扰提交给教师。在此过程中，教师要进行专门的回应，帮助他们理清思路，并在最终阶段进行强化训练以及总结。

（四）协作讨论型教学模式

这种教学模式要求学生在独立研究的基础上，根据教师的提问，各抒己见，互相启发、补充，同时开展协作讨论，由教师进行总结，以此来获取数学知识。这种方式能够帮助学生养成良好的数学交流习惯，能培养他们的团队精神和批判性思维能力，使他们能够深入理解并熟练掌握所学的数学知识，其主要的教学模式是"提出疑问—互动讨论—互动反馈—总结反思"。

二、高职数学课堂教学模式的选择依据

在高等职业教育的课堂环境下，教师如何正确且合理地挑选数学教学方法呢？在许多情况下，教师授课需要同时采用多种教学方法。通常，在选择教学方式时，教师应首先评估自己对该方式的理解程度，明确各种教学方式的优点和缺点，以便发挥优势并弥补不足。接下来，教师还需要基于以下三点依据提升自己。

（一）教学目标

每一种教学模式都可能只能帮助教师实现特定的教学目标，这就意味着针对不同的教学目标，教师需要采用不同的数学教学方法。通常来说，如果学生需要掌握基础知识和基本技能，那么教师适合使用讲授型教学方法；如果学生能够自我探索和发现数学知识，那么教师适合使用探究型教学方法，如寻找二阶常系数齐次线性微分方程的解决方法；如果学生需要联系数学、进行数学交流，那么教师适合使用协作讨论型教学模式。

（二）学生实际

学生是学习的核心，所有的教学活动都应以学生的实际情况为基础才能发挥效果。学生的实际情况包括他们的数学基础、认知能力、年龄特性、社会环境、学习方法及对新知识的准备等。针对高职学生的各种实际情况，我们应该更多地采用讲解型和探索型的教学模式，更多地运用实践活动型的教学模式，适当地运用自学辅导型的教学模式，并在适当的时候运用协作讨论型的教学模式。

（三）学习任务

学习任务的类型繁多，每种都具备独特的特性，其难易程度也各不相同。因此，我们不能采取一致的教学方式。通常，学习任务涉及数学的基础概念、基本技巧，如定理、公式、法则等，我们要选择传授或探索的方式进行教学；对于那些相对容易理解和掌握的简单内容，我们要采取自主学习辅导的方式，如在教授高阶导数时，我们可以使用这种模式；而对于那些容易引发混乱、引发争论的内容，我们要选择使用更为复杂的方式进行教学，如采取协作讨论型模式。

我们强调的是：鉴于目前教学模式过于泛滥，我们主张教师应该尽可能地采用探究型教学模式，平等对待探究型和讲授型两种模式，或者两者的融合，尽可能地创造"研究"的环境，引导学生多思考、多实践，以吸引他们参与到教学过程中。同样，我们也需要明白，无论是教学模式的理念还是实体，都不应该被视为永恒的存在，也不应该被视为僵化的教学步骤。它应该随着教育和科技的进步而不断演变，持续注入新的含义和精神。在教育过程中，教师需要全面运用各种方法，活跃教学方式，适时调整教学方法，以塑造自己独特的教学风格。

第三节　现代教育技术下的高等数学教学

一、现代教育技术对数学教学的意义

将多媒体作为一个先进的教育工具，我们可以将复杂且乏味的知识点以图像、动态等方式呈现出来，从而让学生对学习产生更大的热情；多媒体还能够以具象和直接的方式揭示出高职数学的各类几何空间联系；多媒体还能够减少课程的时长、扩大课程的信息量，从而提升教学的效果；多媒体也有利于将数学建模的理念融入高职数学的多媒体教育中，以此培育学生运用数学去处理真实问题的技巧；同样，多媒体还能够营造一个干净整洁的教育氛围，降低灰尘的排放。

（一）有利于提高学习积极性，激发学习兴趣

"兴趣是最好的老师"，只有学生对学习产生热情才能激发出学习的积极性，但并非所有学生都对数学有热情。好奇心是学生的本性，他们对新奇、陌生和未知的事物都充满了兴趣，要想激发他们学习数学的热情，教师就必须满足他们的这些需求。在当前的许多教育模式下，无论是传统的还是现代的，它们都过分依赖教学大纲，都会让学生被限制在乏味的教材

和乏味的课程中，这样就会导致他们无法接触到更多的知识，也无法接触到更多的资源，进而导致他们对数学的热爱逐渐降低。然而，如果我们能够在教育过程中引入多媒体信息技术，让它以图片、音频、视频、互动、多元化的方式，为学生提供多样化的学习环境，这样就有助于唤醒他们的多元化感知，从而激发他们的学习热情。这完全反映了多媒体信息科技在教育过程中的影响。通过创造一种全新且富有探索性的环境，教师可让他们可以专心致志地、带着积极的心态参与到对新知识的探索之中。利用多媒体的独特属性，结合其图像、文字和音频等多种功能，为学生提供恰当的感官刺激，从而激发他们的学习热情，点燃他们的求知欲望，实现"一开始就有趣"的目标。

通过运用多媒体技术，创造各种应用场景，教师可以让学生有更多的机会去运用他们所学的知识，从而保持他们的学习兴趣。一旦学生的学习兴趣被激发出来，我们还可以使用各种方法来维持他们的学习兴趣。特别是在强化和巩固知识的练习阶段，仅依靠传统的教学方法来完成大量多样化的练习是不太现实的。在教学过程中，教师常常会遇到这样的问题：虽然教师选择的训练方式是正确的，但是学生训练的强度不够，只是浅尝辄止。由于训练方式的枯燥乏味，学生会对此感到厌倦，这对他们的能力发展会产生负面影响。然而，多媒体不仅可以容纳大量、多样化的练习题目，可以节省教师大量的操作时间，而且它的互动性能适应各种水平的学生，他们可以自行选择自己喜欢和擅长的题目，这能极大地激发学生的积极性，避免学生产生挫败感。

（二）有利于培养学生的创新能力

实际上，数学教育的过程就是学生在老师的指导下，研究和探讨解决数学问题的策略，并进一步扩展和创新的过程。因此，老师如何策划数学问题，并挑选出合适的数学问题，便成为数学教育活动的核心，问题的出现往往与环境有关。因此，在教师进行教学时，构建环境是课堂教学的关键。现代的多媒体信息技术，如网络信息和多媒体教学软件，为这个过程提供了丰富的环境资源。例如，教师可以使用 Powerpoint 来制作动态的平面向量教学资源，学生们通过研究，能掌握平面向量的基本理念，并深入理解平面向量坐标表示的含义和功能。在空间解析几何中，旋转曲面和重积分等主题都是在空间范围内进行的，因此学生需要具备出色的空间想象力。对于高职院校的学生而言，这恰恰是一个弱点。在过去的教育过程中，教师通常会在黑板上展示这些空间图形，这不仅耗费时间，而且效果并不理想，利用计算机辅助教学能够有效地解决这个问题。当利用计算机辅助教学来展示空间区域时，教师可以让曲面逐一呈现，并配上各种颜色，最终形成一个空间区域。此外，教师还能展示该区域在坐标面上的投影，这种方式不仅生动、具有立体感，而且更加直观、层次清晰。这是过去教育工作者在课堂中难以实现的。因此，我们可以看出，利用多媒体 IT 构建情境所带来的影响力是传统教育方式所无法匹敌的。

（三）有利于提高学生的实践操作能力

数学作为一种融合了严谨、逻辑、准确、创新及想象的科学，其教授需要学生在老师策划的课堂活动或者所提供的环境中，运用主观的思考方式，逐步深入、领悟并熟练掌握该领域的知识。因此，阐明思维流程，激发学生的思考能力，已经变成数学教育的独有需求。在数学教育领域，多媒体 IT 具备巨大的发展空间。通过引领学生运用这种技术进行学习，我们不只是能够增强他们的技巧与实践经验，也能够激发他们进行思考与理解，同时也能够激发他们的积极学习态度。

（四）有助于减轻教师教学工作量，提高工作效率

在准备课程的过程中，教师需要搜集众多的相关信息，而图书馆也仅能提供有限的资源。此外，教师还需要逐本逐页地寻找，这样的工作消耗

了大量的时间。然而，网络信息为教师带来了丰富的教学素材，并为他们进行教学活动铺平了道路。只需在地址栏输入网站，教师就能在极短的时间内通过下载，获得他们所需的信息，这极大地减少了教师准备课程的时间。随着计算机软件技术的快速进步，互联网为教育者提供了一个广阔的交流平台。大量的实践性软件和计算机辅助测试软件的出现，使得学生能够在实践和测试中熟练掌握所学的知识，这能决定他们未来学习的方向，实现个别化的指导式教学。在这个层面上，计算机软件部分替代了教师的职责，如出题和评估等，从而减轻了教师的压力。因此，教学过程对技术的依赖性较强，而作为教学辅助工具的多媒体信息技术的功能就可显现出来。

此外，借助电脑辅助教育资源，我们能够最大限度地运用多媒体科技，增加教育资源，同时让抽象概念变得更加直观和具有趣味性。电脑辅助教育资源的制作巧妙地运用了现代教育工具所拥有的快捷、丰满、标准、音频、图像和视频可同时展示特点，以及它对视听感官的全方位和深刻影响，从而极大地增加了教育资源的传递能力和品质，达到了寓教于乐的效果。这种新型的教育工具能够弥补传统教育工具在视觉效果、形象化、三维化及活力化等各个层面的缺陷。

（五）有助于提高教师的业务水平和计算机使用技能

利用互联网，我们能够掌握最新的教育观点、教育原则、教育手段。实际操作表明，那些频繁运用多媒体信息科技进行教学的教师，他们的教育观点、教育原则、教育手段始终处于行业的前沿。此外，教师在教学活动中运用多媒体科学技术与电脑辅助教学软件，这需要教师具备一定的电脑操作技巧，电脑操作技巧的水平成为衡量一名教师的文化修养的重要指标。随着计算机信息科技的快速进步，我们都面临着新的挑战。身为一名老师，我们要主动在教育过程中使用多媒体，这既能帮助他人，也能实现自我提升。

（六）形成师、生、多媒体三方之间的会话交流

学生们在教师的组织和引导下，可共同构建一个学习团体，这个团体中的每个成员都能通过交流和辩论来理解学习内容。这种互动对于学习者来说，起着至关重要的作用。在这样的协作学习环境中，每个人的思维和智慧都能被整个团队所共享。在过去，课堂主要用于教师和学生进行讨论和交流，这种模式一直延续至今。然而，多媒体技术的应用无疑颠覆了这种传统的教学方式。在课堂上，多媒体不仅仅是学生学习新知识的工具，它也是学习群体中的一部分，可参与讨论和交流。这种多元化的对话交流，包括教师与学生、学生与多媒体及教师与多媒体之间的互动，都有助于加深和深化学生对所学知识的理解。

对于高职院校的数学课程来说，学生毕业后，在实际工作环境中应用高等职业数学的机会较少，许多实际的数学理论和技术可能会被遗忘。但是，学生从高职院校的数学教育中获取的思考能力仍然是他们的珍贵资源，将对他们的一生产生深远影响。因此，我们需要在数学教育过程中强调数学进步中所包含的数学思考方式。

对于数学教学课堂中应用多媒体 IT 的反思，我们需要考虑时代的进步，同时也需要教师提升自身的素质。此外，学校教育的发展也需要教师更新教学方法，而教学方法的更新主要受教育观念的影响。因此，我们首先需要改变教育观念，真正将信息技术融入教学中。要将 IT 作为教学的辅助手段，充分利用其在学生自我学习、积极探索和协同交流等方面的优势，以更有效地实现教师角色的转变。

在数学教育领域，信息技术的影响力不容小觑，其对于帮助学生理解知识的效果超越了以往所有的科技方式。然而，它只是课堂教学的一个补充工具。教学过程的关键，是师生间的情感交流，这个环节是信息技术教育无法替代的。在教师和学生的交流和学习过程中，信息科技可以转变为解决数学难题、推动学生思考的指南。然而，我们也不应该盲目地运用信

息科技，以此替代教师在教育过程中的角色。因此，现代教师在教学过程中应该改变观念，即客观且合理地运用多媒体信息技术进行课堂教学，并积极寻找多媒体信息技术与课堂教学的融合方式。

二、现代教育技术与高职数学教学的整合

现代化的信息科技被广泛应用于数学教育，这一趋势无法抵挡。计算科技已然发展为数学建模和运算过程中不可或缺的一环，因此，教师对教学工具和方法的更新和改良显得尤为迫切。对数学课程进行整合，即把最新科技引入到数学教学之中，其主要目标是推动传统教学模式的深度改造，使得"以老师为核心"逐渐转变为"以学生为核心"。通过这种方式，我们可以增强学生的创造性思维、提升他们的实际操作技巧，有助于培育出满足社会进步新趋势的专业人士。课程融合的核心在于：对教育模式的转型以及对教育内容的调整。

当前的多媒体科技能够协助学生掌握数学的定义、使用的语言及推导问题的逻辑性，其影响力超越了传统的教育模式。这种科技的发展能给予我们更好的教育手段。将信息科技融入数学课堂中，能够充分发挥其优点，使其成为老师的教育辅导、情绪刺激及学生的思考工具，这有助于教师创建数码化的学习资料，使学生改变他们的学习模式，由单纯的被动吸收型学习，逐渐过渡到独立研究型及富含价值的学习。特别是打造一种将信息科技与数学课程相结合的研究型的教育方法，其目的是更有效地强化学生的创新思维、创新精神、创新才华及处理现实问题的技巧。

（一）现代教育技术与数学教学整合的必要性

1. 现代教育技术的内涵

现代教育技术核心在于应用先进的教育理念与信息科技，来规划、

研究、使用、评估及控制教育资源与教学过程，以达到最佳的教学效果。其涵盖了：

（1）应用现代科学技术成果进行教育资源的开发和利用

现代化的教育媒体，如投影、电视、计算机等，已经被广泛应用于现代科技的各个领域，这些都在持续推动教育技术的发展，并且也为其创造出了全新的研究手段、理念及内容。此外，这些现代化的教育媒体也为教育技术的发展提供了坚实的实体支撑与技术保障。借助于传播媒介的观念与视觉、听觉的教学原则，将视听媒介的探索融入教学中，能推动教学方法与工具的提升与演变。

（2）将系统方法和学习、教学理论用于研究、设计学习过程

教育技术是一个理论框架，它主要用于引领并改善学习流程，这个框架由学习、教学及信息传递等多个实践活动组成。在教育技术学科里，教学设计的主要目标就是提升教学成果，而这些都依赖学习、教学及信息传递等相关理论来支撑。

（3）利用先进的科学技术手段和信息处理技术，对学习资源和学习过程进行科学的管理和评价

随着现代科技的飞速进步，众多的现代化科研成就被广泛运用在教育领域，这不只实现了学习资料的增加，同时也为教育资料的运营提供了科学且前沿的手段与策略。将电脑作为核心的数据处理技术，对学习流程与教学流程的评估与管理产生了巨大的便利，让它们变得更精确、更迅速。现代化的教育科技代表了信息化时代的新趋势，其显著的特点就是多媒体科技与互联网科技在教育与教学领域的普遍运用。

现代教育技术的目标是为学生创造一个便于观察、思考和比较的信息化教学环境，开发能够推动教学创新的软件资源，培育具备创新精神的现代化教师团队，促进教学实验；探索并建立教育新模式，将学生塑造成"积极寻求新奇、敏锐观察、丰富想象力、个性化知识、结构化品质"的有用人才。

2. 整合的必要性

教育技术的革新是推动教育观念转变的重要驱动力，而高效、便利的教育技术方法能否有效地推动教育目标的实现，又取决于个体的素质，包括个体的观念素质。只有那些具备新观念的人才能使用这些先进的教育技术手段进行教育的"思考和创新"，从而展现其价值。因此，新技术的引入需要教育实践活动的参与者建立相应的教育理念，如终身教育理念、以学生发展为中心的理念、开放互动的理念等。

改革教育理念对于把现代教育技术和数学教学融为一体至关重要，在过去的教学模式下，现代教育技术向学生灌输的主要是信息技术的知识，并未涉及其他的领域；而老师们则是模拟传统的教育方式，向学生灌输书面的知识，把知识拆分成各个部分，然后讲授完这些部分，便认为实现了教学目标。当现代化的教育工具与数学课程进行结合时，我们需要教师摒弃陈腐的理论，避免让现代化的教育工具和数学课程之间产生任何的区别。我们需要把现代化的教育工具和数学课程结合，使得数学的知识能够被有效地应用到现代化的教育工具里，从而更优秀地提升数学的教授效果及学生的学习成果。

教师应该寻找并研究如何对现代化的教育工具和传统的教学方法进行有效融合，以实现课堂教学的最大收益。例如，如何协调屏幕展示和黑板写字的关联？使用多媒体计算机进行数学教学时，最常见的情况就是：教师把黑板写字的内容全都输入到电脑中，并以各种方式在电脑屏幕上展示黑板写字的内容，这样的做法不仅浪费了电脑的资源，也对学生的学习产生了许多困扰。

数学是一门极具逻辑性的学科，教师需要通过一步步地在黑板上书写，才能让学生有机会去回顾和思考，否则他们无法接受。如果只是在电脑屏幕上快速跳过，只展示瞬间的结果而没有过程，那么就会切断学生思维的连接，效果将会大打折扣。学生的思考速度各不相同，仅凭屏幕上的瞬间反应，有些学生对其中的数学概念理解不深，而且屏幕显示的速度极快，学生无法记住他们未能理解的部分。所以，教师要按照课堂上的讨论流程在黑板上进行问题的解析，并且要适时地对相关内容进行调整。教师的黑板写作可为学生提供思考问题的时间和空间，同时也可为他们提供反思、提出疑问的时间和机会，这种方式比电脑屏幕上的规则化展示更有效。

现代化的教育科技被视为数学教学的重要手段，其目的在于让现代化的教育科技与数学教学相结合，如同教师利用黑板、粉笔、纸张及笔等工具那般自如且顺利。尽管现代化的教育科技被应用于辅助数学教学，我们需要注意的是：此处的辅导并非指帮助老师进行"讲授"，反倒是指帮助学生进行"学习"。

教师必须依照数学的教授主题与学生的真实情况，运用现代化的教育科技来整合、构建课堂的知识点，并通过现代化的教育科技的相互协同来整合、处理、开发出适合学生的学习素材。我们应该鼓励学生使用现代化的教育科技来获得数学知识的必备信息，去寻找并解答问题。现代化的教育方法与数学的融合，不仅能够让老师展现并向学生灌输知识，也能对他们的知识再建设和创新产生积极影响。此外，现代化的教育方法在高等职业院校的数学课程上具备以下的显著优势。

（1）提供理想的教学环境

现代化的教育工具能够创造出一个融合多媒体、网络与智能的、具有开放特质的活跃的教学空间。这个空间并非仅仅涵盖学校设施、教室、图书馆、试验室、运动场地，甚至是家中的各种学习空间，还涵盖诸如学习材料、教学方法、教学手段、学习气氛、社会联系等诸多元素。这个过程与教育行为相互依赖。同时，教育背景的状况和环境也正在持续演变，使得教育背景不再是一成不变的，反倒能呈现出一种动态的特性。

（2）提供理想的操作平台

现代教育技术融合了文字、语言、视觉、动漫等多元化的信息展示方式，能为高级专业教育的教授创造出一个优质的实施环境。

① 借助现代教育技术的拓展性，教学材料能够超越教材和教学指南的束缚，使教育资源更具丰富性。

② 借助现代教育技术的重塑性，我们有能力模拟一些抽象的流程、微观的事件，并对动态的流程、瞬间的事件进行定量的解读，从而使教学内容更加具体且生动。

③ 借助现代教育技术的虚拟性，教学内容的展示能够摆脱文字的单一叙述方式。学生不仅可以深入到微观层面，还可以涉足到大的范畴。

④ 现代教育科技的整合作用，能够创造出丰富多彩的学习环境，引发各种不同的外在刺激，这对于学生获取和维持知识非常有益。

（3）构建一种新型的教学关系

现代教育技术引发了教育体系和师生关系的转变，能塑造出一种民主、公正、创新的教育环境。教学的界限逐渐模糊，教师与学生之间也逐渐变得相互依赖，学生对教师的尊重程度显著上升，师生之间的互动更加公正和开放。教师变身为学生的尊重之人、协同工作的伙伴、学术研讨的竞争者、真诚的朋友，这样他们就能在精神层面产生共鸣，从而推动教育的持续发展。

（4）更好地实现教学的互动与合作

教育的真谛应该是教师和学生之间的互动过程，教师、学生、教学工具和环境构成了教学的复杂关系，强调教学的多样性互动，以及师生间的协作。现代教育技术的引入，能为教学的多样性互动和协作带来新的可能性。每个人都是信息的接收者和传递者，这种双重角色使得教育者和被教育者能够建立起相互激励、相互补充、相互指导的协作关系。

（5）有利于学习形式的个性化

利用现代教育技术，教师能够帮助学生运用个性化的学习方法。在数字化的学校环境中，教师、课程、教材等都是影响因素，学生能够依据自身的学习能力、兴趣和需求来挑选教授的人，独立设定学习目标，挑选学习内容，规划并调节学习进度，进行自我评估，从而最大程度地展示和满足自身的期望，这能为学生的主观能动性的发展开辟全新且方便的路径。现代教育科技的进步，为我们提供了一个多样化的数学教学和学习资源，并且这些资源都是根据适应人类思考特性的超文本结构方式进行编排的。所有的学生都可以在这里找到各种各样的学习素材，他们可以轻松且迅速地完成有效的学习，他们已经变得更加重视自己的学习，而老师则变成他们的引领者、协助者和协调人。互联网的出现打破了传统的以书籍为主的知识传递模式，它改变了单独、封闭的课堂教育，并且极其广泛地拓宽了教育的知识面，让学生的学习过程不再受到数学教材的束缚。

（二）现代教育技术与数学教学整合的原则

为防止现代化的教育工具和数学教学之间的脱节，我们必须让这些工具融入数学的教学目的、课程内容、教材资料、课堂架构、课堂评估等多方面内容。我们必须将数学的教学变革置于现代化的教育工具的基础之上，并且这些工具还必须满足数学教学的需求。因此，我们在融合的过程中必须坚持以下原则。

1. 理论与实践相结合的原则

从目前的状况来看，现代教育技术与数学教学的融合研究还需要进一步深化。教育理论专家的研究大多停留在形式上的表面阐述，而教育技术专家的研究则主要集中于纯粹的技术领域。在教学一线的教师，因为缺乏实用的理论引导，加之部分教师还没有掌握扎实的操作技巧，他们的教学行为无疑会显现出浅薄和形式主义的问题。承担数学授课职责的老师，处于教育的最前线，拥有最真切、最直观的实际操作体验。所以，他们扮演着将理论知识融入实际操作中的关键角色，老师需要深化对于数学原则及技巧的掌握；另一方面，老师需要在教育过程中，根据数学课程的独特性，找到理论与实际操作的最优融合点以及适当的应用时间。要利用优势，克服不足，将现代化的教育方法和数学教学相结合，达到最优的融合效果。

2. 研究性原则

将数学教育融入现代教育技术中，需要突出其在寻找、研究教育流程方面的重要性。这种方式主张通过使用现代教育技术来呈现数学知识的产生、演变，并着重于对数学知识进行研究、运用及转化。这个目标就是让学生在进行数学学习时，始终保持一种独立且充满活力的状态，即找到问题时，运用数学技巧来提出问题、寻找解决策略及解答这些问题。

3. 主体性原则

在教学过程中，现代教育技术的图文、声像等多媒体传递方式可以引发学生的学习热情，激发他们的思考，为他们营造一个直观的学习氛围。然而，在实施这些技术的过程中，我们必须始终关注如何让学生充分发挥他们的主体作用。这是因为现代教育强调帮助学生提升和发展他们的主体性，让他们逐渐成为社会生活的主导者。在课堂上，我们的目标是激发学生的积极性，提升他们的主观能动性。如果我们过度依赖现代化的教育工具，让它们在整个教学流程中占据主导地位，这样虽然看起来很有趣，但实际上，学生只是被当作了一个可以随心所欲地填充知识的"容器"。在这样的教学环境里，学生的学习效率将会显著下滑。

4. 主导性原则

现代教育技术被引入课堂时，教师只需轻触鼠标，就可以按照预定的步骤进行讲解。然而，这也产生了另一个问题：为了展示预先规划好的内容，教师在授课时必须尽力把学生的思维引向固定的步骤，这其实是从"以教师为核心"转变为"以多媒体为核心"。虽然现代教育科技有助于教师处理一些教学难题，但它并不能取代教师在课堂上的主导地位。

在教室里，鼓舞、引领、培养、回应等各项活动无一例外地依赖于老师的策划与布置。现代化的教育工具取代了老师的一些辛勤付出，这让老师能够投入更多的时间与精神来关注基本知识的灌输及学生的个人成长，实现因人而异的教学目标，同时能充分挖掘和释放学生的潜力。然而，现代化的教育工具的运用需要被视为"辅助"，而教师则是整个教学流程的引领者。他们需要依照学生的具体情况，充分利用其引领的角色的作用，在准备课程的时候，不能只依赖软件，而在授课的时候也不能只关注电脑的显示。

（三）现代教育技术与数学教学整合的策略

现代教育技术与数学教学的融合代表教师对现代化教育技术的应用进行改革，为了确保此次改革的顺利推进，我们需要在融合的过程中采取以下的策略。

1. 从深层次整合信息技术与数学课程

引入信息技术可能会改变数学教学的内容和方式，这种变化可能是浅显的，也可能是深远的，这取决于教师的理解。教师可能认为信息技术的加入只是增加了一种在课堂教学中展示知识的方式。显然，这与使用黑板进行写字并无本质的不同。这只是一种表面化的、浅层次的融合。这表明，仅仅让教师掌握信息技术，并不能使其教学方式发生重大改变，其关键在于技术的深度。

如果我们的整合只是表面的，那并不是因为我们的教学设备没有人家的先进，也不是因为我们对信息技术的理解不够熟练，而是因为我们把大量的时间和精力投入到制作精美、色彩鲜艳的课件上，并且因为炫耀技术而忽视了数学思维和方法的教育。数学教育的目标并非让学生掌握大量的公式或记住大量的数学符号，而是让他们掌握一种严谨的逻辑推理技巧。所以，只有在思维和策略的层面上实现的融合，才是信息科技和数学课程的深度融合。这样的融合能够促使教师的教学技巧取得显著的提升，从而获得更优秀的教学成果。这样的深度融合一定要以一些特定的数学问题为基础，否则，融合就会变得毫无根基，毫无来源。然而，融合并非只局限于解决这些特定的数学难题。我们应该更深入地教导学生如何运用数学理念和手段来进行数学试验，研究数学难题，从而找出数学知识的基础策略和流程，也就是说，要让他们在信息科技的帮助下，运用数学理念和手段来思考并处理问题。

2. 加强现代教育技术和教育理论的培训

增强教育工作者的现代教育技术及教育理念的学习，这是将现代教育技术融入数学教学的基础。现代教育技术包括物质技术和智能技术的结合，为了实现这一目标，我们需要让教育工作者进行教育理念的学习，但更为核心的任务是增强他们的现代教育技术学习，让他们利用这些技术来武装自己的思维，让他们在精通并应用物质技术的过程中，掌握现代教育技术观念和理论知识。我们需要不断深化我们对于现代教育科技的理解，并将其应用于数学课程，只有如此，我们才可以真正地将现代科技融入数学课程之中。

3. 根据不同的学习内容选择不同的媒体

将现代的教育科技融入数学的授课，目的在于达到教学流程的最佳效果，以便更有效地实现教学目标，并且增强教学的品质和效益。如何使用媒介，以及如何挑选媒介，才能最大程度的激发学生的学习热情，帮助他们妥善解决困惑，以达到事半功倍的效果。所有的一切，都应该以数学的教学主题为基准，结合学生的已有的认识背景、认识层次及他们的心理发展状况，并且要考虑各个学生的个别需求。在挑选和评估众多媒介的过程中，忽视实际的教育目标，只是盲目地寻找创新和多元化，这可能会使得其他的元素变得过于重要，从而降低数学的教育效果。通常，如果教学内容是静态的，教师可以选择使用视频投影；如果教学内容具有较强的连贯性，教师可以考虑使用录像；如果教学内容需要展示复杂、抽象、变化和相关的过程，教师可以选择使用多媒体课件；如果是进行研究性学习，教师可以选择使用网络。

4. 增强应用信息技术的意识

教师的专业成长应该朝着全面发展的方向前进。信息技术的学习和应用确实能够帮助教师取得更优秀的成长效果，它不仅能扩大知识领域、提升综合素质，也能加强全面意识，更能改变教育理念。然而，我们的终极目标是提升教学水平，而学习和运用信息技术只是我们为了实现这一目标所采取的策略。我们无法想象一个解题能力较弱、对数学理念的理解不深、教学设计和课堂教学技巧等基本素质尚未完善的教师能够将信息技术与数学课程进行深度融合。即使这种教师的信息技术的水平很高，他的教育水平并不一定就高。如果没有教学基本功，那么所有的理论都只是空洞的、没有实践的，没有理论指导的实践就是盲目的，只是简单重复的"实践"。教师在提升信息技术能力的同时，也需要加强教学理论知识的掌握，要在课堂导入、概念解析、示例讲解和习题分析等各个基础教学环节中磨练出扎实的教学技巧。在教育活动中，我们需要把理论融入实际操作中，并通过实际操作去验证、修订甚至否定理论。在这个不断循环、相互促进的螺旋式提升过程里，教师有可能改变他们的教育观念，从而实现全面的成长，同时也有可能避免"信息技术无效论"和"信息技术万能论"的出现。

5. "现代"型教师与"传统"型教师互相整合

数学教师的发展并不总是依赖信息技术与课程的融合。现代化的方法和信息技术的掌握需要一个较长的时间过程。解决一个微小的问题时，投入大量的时间和精力，这样的成本效益不高，实在是不划算。对于"全体教师都参与多媒体课程"的要求，对部分年长的教师施加无谓的压力是不合适的。每位教师的优点各不相同，既然如此，那就应该让每位教师都运用自己最擅长的技能。无论是采用传统的方式还是现代的方式，都应该被鼓励，只要教学效果好就行。毫无疑问，最佳的策略是将"现代"型教师的信息技术优点和"传统"型教师的深厚的数学教学基础融为一体，使他们各尽其才，相辅相成，实现信息技术和数学课程的深度融合。这种方式可以最大化地激发每位教师的潜力，从而使其获得最理想的教育成果。整合信息技术和课程是一项复杂的任务，无法一步到位。

从另一个角度来看，我们强调信息技术与课程的融合并不是一种固定的模式，而应该是一种理念。只要教师能够准确把握课程的核心内容，并以最适宜和最有效的方式传达出去，就能达到预期的学习效果。同一本教材，不同背景和特性的教师和学生，可以从不同的视角进行切入和互动。教育可以赋予学习与教学各自独特的活力，并产生各种不同的成果。这也是教育被誉为一门创新艺术的吸引力的原因。

三、现代教育技术在高职数学教学中的应用

（一）将数学软件融入高职数学教学中

目前，数学教学大量采用数学软件，尤其是在数学试验与建模等领域，这类教学大都是以选修的方式进行，且大都集中于较高的学历层次。然而，对于高职的数学教学，应用数学软件的机会却相对稀缺。有的学生可以通过参加选修课或者参加数学建模比赛来获取数学软件的知识，但有的学生对此感兴趣，但不太熟悉。因此，目前的高职教育对于学生的数学软件应用技巧的培训仍然有许多的不足。所以，为了最大限度地增强学生的数学软件的运用技巧，我们需要优先考虑增强数学软件对于学生学习的作用，并且要把它们整合到高等职业教育的课堂上。

在微积分、线性代数等基础课程中，我们不仅可以借助数学软件来辅助教学，也能在概率统计、微分方程等其他课程中对其加以运用。我们建议，在传统的数学课程中，教师可以根据教学内容，在讲解的过程中，利用数学软件进行展示或计算，这种方式能让教师更专注于传授数学的理念和方法，避免过度机械、重复的计算和繁琐的黑板记录，这对提升数学课

高职数学教学策略改革与实践探究

堂的趣味性和连贯性大有裨益能提升教室的教育效果。

此外，我们可以在高等职业技术学院的数学课程里，合理设置一些模拟训练的环节，让学生亲身参与，解答课后的问题或者完成相关的试验。这种方式既能强化他们的理论知识，也能提升他们运用数学工具的技巧，从而激发他们对数学工具的使用热情，提高他们的参与度和实践技巧，从而提升整个数学试验课程的教育质量。数学实验系列的教学，是大学广泛推广的，它对提升学生运用数学工具的技巧起到了重要作用。然而，目前，高等职业教育机构在数学实验课程的构建上仍然存在诸多问题，教师需要对这些课程作出适应性的改善。

（二）课程设置的优化

在制定教学计划时，我们应该更具弹性。在布置课程内容时，我们必须全面考虑学生的需求。对于数学实验类课程，学生学习的目标并非是获取相关学分，而是通过学习增强他们运用数学软件的技巧，以及提升他们处理实际问题的能力。实验教育并非是为了让学生承受额外的学业压力，反而是期待能激发他们的学习热情，以便他们更有效地掌握其他科目的知识。

所以，我们建议数学课程的特点应该是以选修课为主。观察各个学校，我们发现学生的素质在不同的学校中有所区别，甚至同一所学校的学生也有显著的差异。在制定课程的过程中，我们必须充分考虑这些差异，并且要注意课程的难度级别与学生的学习能力、学习目标的平衡，从而确保我们所提供的课程能够满足各种水平的学生的需求。

（三）增强课程的开放性

作为关键的现代数学手段，无论是进行历史、社会、艺术还是文学等领域的探索，都可以利用数学软件来解决相关问题。所以，我们需要增强这些课程的开放度，而非只限于理科专业。我们提倡，高等职业技术学院的数学教研部门应该提供多种级别的数学试验课。这样既可以提供更具专业性的课程，让理工类的学生有更多的选择，也可以提供更广泛的数学软件和数学试验的公共课，来满足非理工类的学生的学习需求。

要拓宽课外学习的领域，增强学生运用数学软件的技能，不能只是在数学课上进行训练，还需要在课外进行持续的实践和锻炼。因为数学软件的应用以学生为中心，与学生日常的实践和锻炼密切相关。

目前，我国举办的各类数学建模比赛对于增强一些学生的数学软件运用技巧有着显著的推动效果，然而，对于其他学生来说，由于参赛者的局限性，比赛的覆盖面还是相当有限。因此，我们建议高职院校应该尽可能地推广各类数学课外活动或竞赛。在一定的规模内，课外活动可以由特定的指导老师策划并确定其目标和主题，同时，学生也可以独立策划并自由挑选主题，学校应该尽力予以协助，并提供适宜的活动环境。课外活动的灵活性极强，适用的学生群体广泛，只要他们对此感兴趣，都可以报名参与。这样的方法能够有效地培养学生的自我学习意识，激发他们的学习积极性。

此外，我们可以在教室里举办一些主题讲座或者讨论课程，供那些对数学软件感兴趣的学生们共同探讨，以分享他们的学习经验和感悟。同时，我们也能够最大化地运用互联网资源，实现线上的交流与学习。针对软件操作过程中遇到的问题，我们可以进行咨询和探讨，分享个人对于软件学习的感悟，并且可以鼓励学生分享优质的学习资源。这种方法对于增强学生运用数学软件的技巧具有极大的推动和启发效果。

第四节　基于专业服务的高职数学教学改革

数学是研究数量关系与空间形式的科学，高等数学是文化课，教师要让学生接受科学文化教育。李大潜院士指出："整个数学的发展史是与人类物质文明和精神文明的发展史交融在一起的。作为一种先进的文化，数学不仅在人类文明的进程中一直起着积极的推动作用，而且是解释人类文明的一个重要支柱。数学教育对于启迪心智、增进素质、提高人类文明程度的必要性和重要性已得到空前普遍的重视。"[1]在人类的文化素养中，数学素质占据了重要的位置，它是一个人持续发展的基石。那些具备创新思维和创造力的人，通常拥有深厚的科学知识和对科学的热情，同时也拥有优秀的文化修养和出色的数学应用技巧。职业教育的目标是就业，但并不仅仅是就业，它还涉及学生的职业生涯、就业状况以及职位转变。因此，课程体系不能过分专业化，应充分体现人的全面发展。

一、基于专业服务的高职数学教学改革的原则与思路

高职院校的主要任务是培养技术应用型的专业人才，因此，他们需要充分展示出高等数学的独特性，并且进一步推动高等数学的教育和教学改革。

（一）基于专业服务的高职数学教学改革的原则

为了推动高职院校的数学教育改革，我们必须将专业的实践性思维纳入每个专业的数学教育之中，并加强数学理论知识与具体的专业问题的关联性，这样可以帮助学生从理解的角度，更好地认识高等数学的实践价值，从而鼓励他们积极地去掌握高等数学的原则和技巧。同时也可以提升他们的应用意识，并增强他们利用高等数学进行独立思考和处理问题的技巧。

1. 以人为本

在高等职业教育中，我们需要强调个人的全方位成长，重视学生的个

---

① 李大潜. 数学文化小丛书［M］. 北京：高等教育出版社，2016.

性、道德观念和整体素质的塑造，并坚持以人为核心、把学生放在首位的理念。数学的知识源自社会的实际操作，同时也能促进了人类社会的前行与发展，它既是一种科学的文明，又是一种广泛运用的工具。教师需协助学生理解数学的起源、运用、发展方向，同时展示数学家的创造力，揭示社会进步对数学科学的推动效果，清楚数学在经济和社会各领域的运用。数学对于个体的长期发展有着深远的影响，教师需要引导学生树立正确的数学理念。

在强调学生掌握知识、技能和价值的同时，高职数学教师应该更加关注学生的个人成长。我们应该根据"知识、素养、技能"的发展路径，深入推进高职数学教学改革。这不仅能满足学生专业成长对数学课程的需求，也能推动学生的身心健康；同时，我们也要确保学生的优秀就业机会，并推动他们的可持续发展。我们必须关注课程教学从单一向综合的转变，避免过度强调知识和计算的倾向。我们应该让每个人都掌握有意义的数学知识，每个人都可以获取所需的数学技能，并且每个人在数学方面的进步都是独一无二的。

2. 彰显现代高等职业教育的课程特色

现代职业教育的核心特征主要表现为其课程规范，这些规范是高等职业院校的教材、教学方案、教学结构、教学执行及课程评估的关键参考要素，这也是该类院校的教学管理的核心部分。我们必须展示出职业教育的独有特点，全面满足学员的期望以及专业的需求，合理地规划课程的属性、目的、结构及内容结构，同时也需要给出相关的课程教学意见、评估规则以及教学方法。所以，高职数学规范应涵盖：（1）课程的特性和定义、课程的构思思想和目的；（2）课程的主体结构、学习时长及教育的关键点和挑战、教育的策略和工具、学习环境等，还有能力的期望和评估的提示。

在进行高职院校的数学教育改革时，教师要确立创新的教育理念，构筑崭新的课程变革理论。其教学目标应该是促进人的整体成长，激发学生的潜力并强化他们的个性。在进行课程变革时，教师要极其注意对人的培养发展，并确保其与高级职业学校的专业成长相吻合。要强调课程的实际运用、整体性及可以进行深入的研究，以便让高级职业学校的数学课程真正有效地服务于学生。

（二）基于专业服务的高职数学教学改革的思路

在强调学生的文化素养教育的同时，高职院校必须更加清晰地为专业提供服务。这就需要我们通过改变高职数学课程的功能，建立一个以应用为主旨、以职业标准培养为中心的全新课程体系。

1. 明晰高等数学课程的目标定位

高职院校致力于培育高级技术应用型人才，同时也肩负着对职业人员进行持续教育的重大责任。因此，我们需要适应经济社会的发展需求，注重提升劳动者的职业素质和全面能力，并关注将学生的专业技能的局限性转变为综合素质，将其从单一的职业岗位转向多元化的职业岗位，以满足社会对高等职业人才的需求。高职数学教育对学生全面素质的塑造起着关键性的作用，对于高等职业教育中的学生塑造复杂的知识体系和创新才能也发挥着重大影响。尤其是在高等职业教育中，数学建模活动可突破数学与专业领域的边界，真实地实现提升学生全面职业技能的目标。所以，我们需要推动高等数学课程的教育改革，清楚地设定高职数学课程的目标，理解数学课程在各个专业领域的培养中的重要性，并且将其与专业人才的培养相结合，以实现数学课程的功能性转变。

2. 构建以职业能力培养为核心的课程结构

依照实用性、适用性和应用性的准则，高职教师要深入了解当前高等职业教育学生的真实情况，研究社会各个领域及各种专业职位的工作需求，精心挑选教学材料，调整课程架构，同时要考虑知识和素质的培养，打造出以就业为主导、以职业技能训练为中心的多模块高等职业数学课程体系，以实现提升课程素质和服务于专业的双重目标。要以高等职业教育的目标为导向，注重提升学生的素质和教育服务的专业技能，实现数学课程与专业课的交叉融合，并投入更多的时间来培育和锻炼学生的全面职业技能，以此为他们的职业规划和成长提供环境。为此，高职数学教师宜将高职数学课程结构分为基础模块、专业模块与提高模块，并面向不同专业层次学生，培养其职业发展能力。

3. 突出能力本位的指导思想并深化工学结合

（1）根据学生的专业素质和能力需求，合理安排数学教学内容，为学生学习专业奠定基础。根据高职教育目标要求，要合理安排数学教学内容，加强学生应用能力培养，以知识学习的"浅"换取能力训练的"深"。

（2）加强数学实践教学，深化工学结合人才培养。要把课程的变革带入教室，把学生的学习成效转化为现实，刷新我们的教学观念，让教学内容与专业领域紧密相连。我们要强调以学生的能力为核心的教学原则，妥善平衡实际操作技巧和理论学问两个教学模块的联系。我们要主动运用以项目为驱动的教学模式，鼓励教学过程的整合、教学方法的整合及工学的整合。我们要全面推进数学的应用能力培养，以此来最大限度地激起学生的学习热情，并且要确保教学的理论和实际相结合。

（3）加速优质的校本教材的出版，并积极推动校本教师的培训。根据各个专业的实际需求，我们应该有计划地开发校本教材。每年，我们都应集中组织数学教师的校本培训，以鼓励他们尽快转变为"双师型"教师。我们也要倡导数学教师"一专多能"，鼓励他们进行专业教学实践，参与职业技能培训，以提升数学课程服务于专业教学的水平。

（4）构建全新的教育评估体系，重视流程性的评估，强调技术和能力的测试，以加强课程的建设成效。

4. 优化数学教师专业知识结构

教师通常是教学改革的最大阻力，究其原因，一是习惯，即教师在多年的学习生涯及长期教学实践中，往往会形成一些很难改变的教学习惯，这些习惯根深蒂固，制约并影响着教育教学改革，包括教师学习和接受新事物的能力、教学实践能力、灵活运用信息教育技术手段的能力以及创新精神等；二是受功利主义思想的影响，很多教师认为教书只是谋生的一种手段，不想改也懒于改，只满足于传统的教法，很少开展教学创新与研究。因此，每一名数学教师都应该致力于推动高职数学教学改革，承担起教学改革的重担，不断超越自己，在数学教学中实现人生价值。目前，高职数学教学改革受到了数学教师知识结构的限制。我们无法在教师知识结构得到优化之后再开始改革，也无法在改革之后再对教师的知识结构进行优化。教育改革的实施和教师的知识体系的优化之间存在着一种互相依赖、互相推动的联系，这种联系不仅取决于教师的知识体系，也为优化教师的知识体系搭建了一个平台。优化高等职业教育数学教师的知识体系，使他们的专业技能达到最佳状态。这需要他们坚守将专业知识和广泛的理论、实践相结合，将基础学科和应用学科相融合的原则。他们需要改变以单一学科为主导的知识体系，增强与专业课程教师的互动，实现一专多能的目标，并从传统的教授型教师向具有创新精神的教师转变。学校应该策划一些旨在增强数学教师的高等职业教育观念、信息科技技巧及数学建模实践的短期培训课程，同时也可以挑选杰出的中青年教师去海外进行深造，以此彻底改变数学教师知识体系过于单调的状况。

评估课程教学的变革重点在于教室，高职数学教学改革需要依赖于教室，推行教学改革需要观察教室内部的转变，包括教师的高等职业教育观念、教学手段以及学生的学习行为等。教室是教学改革的实践场所，如果教师不亲身参与，就无法谈论改革，再先进的观念也会显得空洞；同时，教室也是孕育改革新思维的场所，许多教学改革的思维和创意都源于教室，如果缺乏先进观念的引领，所有的行动都是无意识的。

老师的数学教育需要吸引学生的兴趣，要让那些频繁旷课的同学可以融入课堂，让那些沉浸在游戏、聊天或者无所事事的同学可以全身心投入到课程的学习之中，让那些热衷于学习的同学保持思维的敏捷性。尽管课程的质量无法达到理想的标准，我们仍然需要努力营造出老师与同学们同时在场的环境，从而创造出一种师生间的互动式沟通以及共享的情绪体验。老师要用富有表现力、充满热忱、充满活力的方式来传递知识，同时也要让学生们能够深入地思考、自发地交谈，以及积极地去探索。在进行数学教育的变革时，我们首先应该使老师的思考方向转向课堂，并且全情投入教育工作中，这样，学生们才可能真正从中受益。如果没有这样的实践，那么所谓的变革就只是空洞的理论，无法真正落实。对于高等职业数学的教育变革，这个过程需要一个长久的坚定性和持续的付出。数学的变革充满挑战，路途遥远，单凭少数的专业人士和学校的付出是无法完成的，我们还需要得到学校的援助、学生的参与、老师的主动配合，以及同行之间的共同努力。

5. 促进数学课程教学内容的优化

为了推动高职院校的数学教育改革，我们必须将专业的实践性思维纳入每个专业的数学教育之中，并加强数学理论知识与具体的专业问题的关联性，这样可以帮助学生从理解的角度更好地认识高等数学的实践价值，并能鼓励他们积极地去掌握这些思维和技巧，从而提升他们的应用意识，增强他们利用高等数学来独立思考和处理问题的技巧。

依照高等职业教育的设定目标，高级职业学府的高级数学教育改革需要在注重学生品格塑造的前提下，着眼于提升学生的数学运用技巧。自从数学建模比赛进驻高级职业学府，它对于提升学生的数学运用技巧起到了关键的效果，并且给高级职业的数学教学带来了积极的推动作用。我们可以把数学建模的理念和技巧融入高级职业的数学课程中，形成数学和专业的紧密关联，从而充分展现数学的本来面貌。因此，进行数学建模的实际操作，并把它整合到高等数学课程中，是实现高级职业学校的专业发展目标的必需条件。

随着经济社会的发展，数学在经济学中的应用越来越广泛。许多经济理论都是建立在数学方法的推导和数学理论的分析之上的，可以说，经济学只有成功地运用数学时，才能真正得到充实和发展。因此，在高职财经类专业的高等数学教学中，教师需要恰当地选择专业案例，应用高等数学方法找出经济变量间的函数关系，建立数学模型，然后运用数学方法分析这些经济函数的特征，以便对经济运行情况进行准确判断并作出决策。教师也可介绍高等数学在财经类专业上更广泛的应用，将数学与经济学充分对接，把数学知识与专业知识进行必要的整合，使学生充分了解经济数学的应用背景。

6. 促进数学课程教学方法和手段的改革

对于以专业为核心的大学数学课程的教育变革，我们必须将数学的教育内容与其专门的应用相融合。老师不仅仅是传授知识，更应该依照学生的专业进步及持久成长的需求来进行数学的教育，同时也要着眼于提升学生的思维技巧以及激励他们的创新意识，指导他们在学习数学的过程中掌握科学的学习策略；必须把握主旨，让学生不仅仅懂得如何学习数学，更懂得如何运用数学的理论、观念及技巧去处理现实的问题。我们应该激发学生的独立学习精神，使其勤奋探索，并且积极向前。

为了更好地适应专业的具体需求，我们要勇敢地对高等数学的教学策略与技巧进行创新。我们要借助众多的专业案例，并根据学生的个性化需求，积极推广协作学习与开放学习。在授课中，我们要主动运用如启蒙、分级教学及基于真实情况的问题处理等多种灵活的教学策略，以此来提升高等数学的教学成果与运用能力。在教室里，老师要传授重要的数学基本概念及其理念，同时要为学生提供相应的专业问题环境，指导他们进行深入的解读，从而创造一种"实际情况—协作讨论—构造模型—解决难题—老师评价"的数学教育方法。

另外，在高级数学的授课过程中，教师需要大力采用互联网和多媒体技术来辅助教学。这样做一方面能够最大限度地激发学生的学习热情和主动性；另一方面，能帮助学生更好地理解、掌握数学教学内容，克服教学的困难，弥补传统教学方法在视觉、立体感和动态意义上的缺陷，扩大创新学习的途径，从而让一些抽象、晦涩的知识更易于被学生理解和掌握。将数学建模活动纳入高职数学的教育，能够改变目前高职数学课程偏向于理论而忽视实践的情况。在这些建模活动里，我们需要采取如研究型、探索型和交流型等多种教育手段，这样才能使得学生能够深度参与整个高等数学的教育过程，以充分展示他们的主观能动性。在进行数学建模的时候，巧妙地利用现代化的教育工具来处理现实生活中的问题，一定会挑战传统的教学方法与手段。

二、基于专业服务的高职数学教学改革的建议

教授高职数学的课程改革应以职业技能为基础进行全面的研究，这并非仅仅是教师对已有课程的简单调整或者修订，而是让他们积极地适应高等职业教育的核心特性，满足高等职业学生的真实需求，也就是对当前的高等职业数学课程的内容结构和框架进行重塑。

（一）调整高职院校高等数学课程教学大纲

高职数学教学大纲是指导高职各专业数学教学的纲领性文件。高职数学教学改革，首先要做好教学大纲的制定与修订，教师要针对高职课时少、内容多、学生基础差的特点，理解各专业的职业需求和技能标准，在实践教育过程中，我们需要对教学内容作出重大的调整和改良，并且增添数学建模的知识以及数学试验的部分。在修订教学大纲时，要根据学生专业特

点调整数学课程结构体系，用现代信息技术整合教学内容，并关注学生素质培育，重视数学思维方法的引入，实现高等数学和相关专业课程及有关内容的有机融合。同时，要注重数学基本知识对专业学习的帮助和促进作用，加强相关知识内容的联系和有机结合，让学生能在较少的学时内学到较多知识和技能，增强高职数学教学的专业服务功能，拓展学生的发展空间，编写符合高职教育特色的高等数学教学大纲。

（二）改革高职院校高等数学课程教材

高职数学课程在结构上要实现多样化和模块化，在内容上要联系实际、专业或专用群，在教学方法上要融入现代信息技术手段，在教学模式上要提倡理实一体。为了满足各类学生的需求，我们要实施多样化教育，既要满足普通高中毕业生的需求，也要满足职业中专、技校和职业高中学生的需求。这不仅能满足现有注册学生的实际需求，这有助于优秀学生的持续发展，也有助于成绩较差的学生的进步。模块化的目的是让学生能够有针对性地进行选择，这对于教学的组织和管理都非常有益，也有助于教师的教学和学生的学习。教材的核心部分需要再次融入，首先，将专业知识融入数学教材中，以便适应各种专业的学生的需要；其次，将现代信息科技纳入教材中，以便为学生的高级数学学习提供支持，还要运用计算机科技来整合教材的内容。编写教材时，必须考虑学生的具体需求，同时也要关注他们的全面发展。我们需要精挑细选出适合的教学案例，以展示出专业的特色。这些案例不只要揭示数学的基础知识，也要突出高等数学的实际应用价值。同时，我们也需要关注从一线教师那里获取的优秀案例和成功的数学实践经验。我们必须对高等职业教育的数学课程进行深入的研究和反思，以找到一种既能满足高等职业教育的需求，又能显著提升教学水平，并且有助于学生的学习与成长的实用性强的高等职业教育数学教材。

（三）优化高职院校高等数学教学内容体系

当前高职数学的教学内容及结构体系已经不适应高职院校的教学特点和不同专业、专业群对高等数学的要求，我们需要对其进行优化和创新。

1. 明确高等数学在高职教育中的基础性地位

要明确高等数学课程在高等职业教育体系里的核心角色和关键影响，理解高级职业学校的高等数学课程的目标设置，研究高级职业学生的独特性，掌握他们的真实情况，理解不同的高级职业专业或者专业集团对于高级数学的期望和进步方向，还要依照经济社会的需求，设定高级职业学校学生的知识、技能和品格架构，从而设定高级职业学校的数学课程的教学目的。

2. 从学生专业成长角度出发改革课程教学体系

高等职业教育的核心是培养学生的实际应用能力，因此，高职数学的教学需要强调其实际应用的重要性，这是现代高等职业教育的独特之处。高等职业教育所培养的人才的素质水平，在很大程度上取决于对他们的数学素质的提升，而这种提升主要表现在数学教学的实践过程中。在进行数学教育的过程中，我们需要妥善协调知识与技能、素养与实践的联系。在传授核心的数学知识的同时，我们也需要将专业的实际问题融入其中，以此为数学的运用创造一个展示内容和拓宽发展的平台，从而增强学生自我掌握现代知识的能力。必须打破传统的高等数学课程框架，推动相关课程和内容的整合与交融，以及不同学科知识的整合，以提升学生的应用技能。因此，我们需要从实践的视角，或者说是从解决实际问题的需求，以及各个专业未来课程的需求及社会发展对高职人才的期望出发，来思考并确定高职数学教育的内容结构。

3. 从培养应用型人才的角度进行教学内容的调整

高等职业教育的数学课程作为一个桥梁，可将老师的讲授与学生的自主学习相联系。我们在选择教材时，一是要满足学生的专业教育需求，强调其在实际操作、应用及开放方面的重要性。所谓的实用，一是我们的数学教育旨在提升学生处理现实问题的技巧，应用则意味着我们的教育内容必须以培育具有实战技巧的人才为目标，而开放则意味着我们的数学教育必须从理论层面扩展至实践，并且在课堂上进行深入的拓展。二是要注重对数学原则的传授，要利用专门的案例以及处理现实问题的步骤，融合这些原则，并运用现代化的教育工具来阐述这些原则。我们要着重讲解这些原则在几何上的含义以及它们在物理上的背景，以此来强化数学的运用教学。三是减少复杂的数学运算，利用数学教育工具来解决计算问题，促进数学知识与各个专业领域的深度融合。四是要强化对数学逻辑的洞察和思考，减少过于理论化的教学内容，重视数学思维方式、数学观念及数学精神的教育，扩大数学模型和数学试验的范围，激发学生的学习热情，提升他们分析和应对实际问题的技巧。

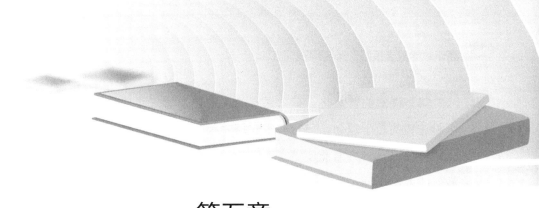

第五章
高职数学教学的实践应用探究

在科技、社会发展日新月异的今天，数学作为一门重要的应用学科，对人类的生存与发展、社会的进步具有很重要的影响，有效运用数学解决现实问题，是当前数学教育的关键任务。

第一节 高职数学"321"塔式教学的应用

一、"321"塔式培养模式的含义与意义

高职数学"321"塔式培养模式即"三课堂逐级分层次多目标数学教育人才培养模式"。"3"指 3 个课堂，即"第一课堂""第二课堂""第三课堂"，"2"指分层次、多目标两个实施方案，"1"指学年一贯制。"第一课堂"是按教学培养计划对一、二年级高职学生进行常规数学教学；"第二课堂"是数学专家和院士、国内外知名教授、校内教授针对高职生开展的"数学学习、数学思维、数学研究"等数学专题的系列讲座；"第三课堂"是开展数学思维、方法引领的数学建模竞赛、挑战赛和电子竞赛。

第一课堂的普及化、第二课堂的兴趣化及第三课堂的精英化，体现了因材施教的教学理念。"321"塔式培养模式，以不间断的"三课堂"贯穿式培养模式，一方面能使学生数学素质显著提升，另一方面能提升教师的教学能力，使研究型教学得到有效实施，而且能使围绕"321"塔式培养模式进行的教材建设得到不断优化。

二、"321"塔式教学的特点

（一）多层次、多目标分流培养

第一课堂主抓常规教学，夯实高职学生数学基础。第二课堂强调拓展数学思维，注重数学创新能力的培养。第三课堂强调实现数学理论、方法和应用的相互协调。要在普通层次、能力层次和精英层次等不同的层次展开不同的教学。

要保证数学的常规教学，并在此基础上，建立多层次的高职学生数学建模竞赛培训基地、挑战杯培训基地、科技创新培训基地的多渠道联合培养平台，使实践性教学活动科学化、基地化、菜单化、人本化，将强化学生数学素质与创新能力的培养计划落到实处。

（二）个性化、人本化分类培养

"一切为了学生"，要根据学生的学习兴趣与数学素质层次，制定多元化的目标，因材施教。由于学生数学基础存在差异，他们的数学兴趣的浓厚程度不一，数学素质及创新能力的水平不同，所以千篇一律的教学方式不可取。"321"塔式教学能很好地解决层次不一的学生带来的教学方法与教学对象之间的矛盾，这种模式能以多层次、多目标的培养模式，针对学生不同的潜质，提供不同的教学环境、教学方法和课程目标，实施各种教学模块和实践环节，进而体现出个性化、人性化的课堂培训。

三、"321"塔式培养模式的完善

"321"塔式培养模式可通过三课堂逐级分层次多目标的培养，在普遍意义上提高学生的数学成绩，且可在深层次上培养学生的数学素质、创新意识与综合应用能力。社会发展带来了知识的日新月异，学生素质也与以往有了变化，因此"321"塔式培养模式需要不断得到优化。

（一）有效贯彻研究型教学

目前，科技的发展、知识的获得，除课堂传授外还有很多方式。研究型教学包括教师"研究型教"与学生"研究型学"。从学生角度来说，"321"塔式培养模式中第一课堂注重研究型教学，可以提高学生解决问题的成就感，也可进一步提升学生学习数学的兴趣，保障学习效果。

（二）关注学生讲座

目前，第二课堂主要以数学大师、专家和院士开设讲座为主，高职院校可适当增加学生讲座环节。学生可就某个数学问题或难题开设讲座。要鼓励学生做讲座，"三人行，必有我师"，将此方式作为第二课堂的有效补充，可在学生中形成良性竞争，推动学生积极思考，提高其沟通表达能力，形成数学研究的氛围。

第二节　高职数学分层次教学模式的应用

21 世纪以来，科学技术带动全球经济飞速发展，世界发生了翻天覆地的变化。高等数学作为学生在学习过程中必修的基础核心课程，其重要性不言而喻，数学不仅在传统的物理学、化学、生物学等学科中发挥着不可比拟的作用，而且还在经济学、金融学、信息学和社会学等领域中均扮演

至关重要的角色。但是绝大多数人并不想成为数学领域的专业人士，而是希望能将数学当作研究工具来使用。高职数学教育工作者如何让非数学专业人员熟练掌握和使用数学知识是一项重要的课题。

一、分层次教学的原因

在 2000 多年前，孔子就提出了分层次教学原则："因材施教"和"有教无类"。现在提出的这个问题，在高职院校扩招和高职教育改革的背景下，与当前的教育有了新的联系。这不仅是各级教育部门、学校领导和教师的重要课题，也是学生和家长以及社会的热门话题。因此，针对学校具体情况，高职数学的教学不能用统一的尺度去规范，这是进行高职数学教学改革探讨的一个基本出发点。

二、分层次教学的理论依据

中国早期就有关于分层次教学的哲学理论和实践历史。在世界上最早关于系统论述教育的著作《学记》中就有分层次教学的记载，书中讲道："不凌节而施"，意思为不超越受教育者的年龄和才能特点来进行教育；"教人各尽其才，其施之也悖，其求之也拂"指的是教书育人需要因材施教，如果不能针对不同个体进行教育，那么教师就不能充分发挥学生的才能。分层次教学符合因材施教的教学原则，孔子就曾提出"深其深，浅其浅，益其益，尊其尊"，南宋著名教育家朱熹总结为："孔子施教，各因其材。"[1]这说明教师需要根据学生的个性差异和学习水平等实际情况，更好地安排课程，让每个学生能够在学习中发挥出各自的优势，提升自身能力。素质教育理论提议让每个学生都能获得同等全面的教育机会。为了学生的全面整体发展，学校需要根据学生的个体差异进行分类别和分层次教学，苏联心理学家维果茨基的"最近发展区理论"认为，学生有两种发展水平：现有

---

① 黄永彪. 数学文化融入大学数学教学的实践研究［M］. 合肥：合肥工业大学出版社，2022.

发展水平和潜在发展水平。苏联教育家和心理学家赞可夫根据这一理论，建议教学应着眼于学生的现有发展水平与潜在发展水平之间的矛盾，强调通过教学激发学生的潜能，促进学生发展。"分层次教学"是把教学建立在学生学习的"最近发展区"，以促进该区域内所有学生的全面发展，苏联教育学家巴班斯基的"教学过程最优化理论"认为，教学任务应该是在了解学生特点的基础上更加具体化、详细化，并使教学形式和教育方法更加契合学生的需求。分层次教学应尽可能地为不同水平的学生提供不同层次的"学习条件"。布鲁纳提倡"发现学习"的教学方式，他强调教学不仅要激发优秀学生的挑战自我计划的精神，同时也要保护成绩不佳的学生的信心和积极性。

基于这些理论所形成的分层次教学学说，成功地融合了传统与现代的教学理念，为高职数学教学革新开辟了新的道路，并为其提供了坚实的理论基础。

三、高职数学分层次教学的实践

高职数学课程分层次教学主要依据学生入学时候的分数、专业方向、需求等因素。在数学教学中实行分层次教学，主要包括 A、B、C 三个等级，原则如下。

（1）A 层：除了基本必要的数学课程内容外，还扩展和深化了某些教学内容，使学生能够掌握一些数学方法和深入的数学思维，"知其然并且知其所以然"，并教授基础数学和数学建模的基本方法和技巧。

（2）B 级：主要用于大多数数学基础一般、将高级数学当作后续学习工具的学生。该级别的学生占学生总数的主体部分。这一层级采用一致的课程设计，可为今后的进一步发展奠定坚实的基础。

（3）C 层：主要面向数学基础薄弱、后续课程与数学不密切相关的学生。为提高教学质量，学校要配备教学经验丰富的教师，以掌握教学必备的基础知识为指针，充分减少困难，减少理论知识和复杂的解题技巧，加强典型练习的实践，确保掌握数学的核心知识，重点培养学生的兴趣和学习方法。

在分层次教学的不断探索过程中，我们可发现一些之前分层次教学中存在的问题，如一成不变的分层次方式可能会对那些积极要求进步的学生产生不利的影响。对于这部分同学，教师开展分层次教学时可以采取更为灵活的修读方式和淘汰机制。所谓的柔性修读，意味着学生可以根据自己的兴趣和需求选择多样化的课程，并以此获得相应的学分。课程学习的方法不再是参加考试、听讲座取得学分，而是通过认定获得学分，或者通过课程替代获得学分。比如，低层次的学生可以选择高层次的课，在考核通过以后，也可以参加数学竞赛、数学建模培训等。而实行淘汰制，则是为保证人才的培养质量和教学效果，其强调在考核后，将不适宜进入下一阶段学习的学生分流到其他层次。通过这种方式，学生可以获得平等的竞争机会，从而增强他们的竞争意识和危机意识。并将这种压力转化为学习的动力，以进一步激发他们的学习热情，最终提升学习质量。

第三节　翻转课堂模式在高职数学教学中的应用

"翻转课堂"的理念最早在 2007 年由美国的一所高中的化学老师乔纳森·伯尔曼和亚伦·萨姆斯提出。当时，他们为了应对因恶劣天气和长途旅行导致的课程延迟问题，使用屏幕捕捉软件录制了他们的授课内容和演示文稿操作过程，并上传至网络，旨在提高学习困难学生的学习效果。这一概念在当时并未引起教育界的广泛关注，直到 2011 年，可汗学院创始人萨尔曼·可汗在 TED 演讲中详细介绍了他的教育理念，翻转课堂的概念才开始受到研究人员的关注。萨尔曼·可汗在演讲中提到，他发布在网络上的免费教学视频深受学生和家长的喜爱，并在一些学校中得到了实践验证。许多教师从这次演讲中获得了启示，开始尝试一种新的教学方式：将原本在课堂上由教师主导的授课部分，转为学生在家观看教学视频，而课堂上的时间更多地用于师生互动和练习。这种教学方式极大地颠覆了传统的以教师为中心的教学模式，并迅速成为最受欢迎的教育模式之一。

一、翻转课堂与传统课堂的比较

（一）教师由讲授变为设计

在近十年里，教育信息化的发展和教育数字技术的进步，包括数字校园和各类学习计划工具的优化，已经极大地影响了教师的教学方式。教师们通过不同的方式积极地开发和制作了大量的数字化教学资源，但学生的学习方式仍然相对被动且没有变化。然而，随着"翻转课堂"模式的出现，教师的角色发生了转变。他们从单纯的知识传递者变成了学生的指导者。在翻转课堂上，教师和学生需共同参与教学活动，这种模式强调学生的主体性，而不是由教师主导教学。此外，翻转课堂也强化了教师在教学中的主导地位。这是因为教师需要掌握有效的组织策略，以便更有效地管理学习活动。这种模式也促使教师从单纯的课程内容提供者转变为视频制作者和教育资源的提供者。为了有效地履行这些新角色的义务，教师需要在课前进行充分的准备，如制作教学视频和整理课程资料等，以确保学生能够充分理解和吸收在课堂上所学的知识。

（二）学生变得更为积极主动

学生具备自学能力，但传统教学方法常常使学生处于被动接受的状态，这可能会抑制他们的学习积极性。在翻转课堂的个性化学习中，学生需要利用课前提供的资源进行自主学习，并发挥更多的主动性和积极性。在课堂上，学生应积极参与与教师的互动和讨论，共同探讨和解决学习中的重要难题，从而增强学习兴趣，激发学习热情。

（三）重新分配课堂时间，提高教学效率

翻转课堂的一个关键特性是教学时间不再仅限于教师传授知识的时段，而大部分学习任务需要在课堂之外进行。例如，学生可以去图书馆获取信息，观看视频、微课程、MOOC 等。这种安排使教师不会花太多时间在课堂上教学，而是利用这段时间与学生互动，以解决学生在之前在独立学习中遇到的问题。这些教学活动能强化学生的学习技能，使他们能够更加深入地学习。翻转课堂为学生提供更加灵活和活跃的学习环境，能激发学生的学习动力和参与性。

二、数学翻转课堂教学模式的构建原则

翻转课堂彻底颠覆了传统的教学模式，重新定义了教师和学生之间的角色关系，强调教师在激发学生兴趣方面的作用，并鼓励学生积极参与学习过程。因此，学生的学习情况和实践教学环境的发展可以联系到课堂教学结构的效果，这是每位老师都应努力的方向。

高职数学是一个由多个独立知识模块构建的逻辑严密学科。为了深入学习和掌握数学知识，教师对其知识和结构的起源有全面理解至关重要。因此，教师需要引入数学翻转课堂教学模式来增强学生的理解。基于建构主义和学习理论，这种模式能够激发学生的主动学习热情，并丰富课堂教学手段。应用这种教学模式于高职数学教学，能有效改变教学方式，显示出明显优势。总的来说，在构建高职数学翻转课堂教学模式时，教师应主要遵循以下原则。

（一）课前学习资源与教学知识密切关联的原则

在翻转课堂教学模式中，学生的课前自主学习是不可或缺的一环，它直接决定了学生对知识的掌握程度。考虑到当前多数学生的实际情况，让他们自行在云端搜寻学习资源并不实际。因此，课前的学习资源主要由教

师负责提供。这就要求教师在准备和选择学习资源之前，首先要对学习内容进行深入的了解和分析，并充分考虑学生已有的知识基础。在选择和制作课前学习资源时，必须确保这些资源能够真正符合学生的实际学习情况，并能有效地辅助学生完成课程学习任务。同时，教师还要尽量保证学习资源的简洁明了，让学生在有限的时间内能够快速掌握所需知识。

（二）课上活动以学生自主学习为导向的原则

课内教学活动的目的是促进学生课前自主学习知识的理解，教师要通过这些活动来巩固学生的知识积累。因此，教师在设计课内活动时，关键是要确保这些活动与课前学习资源相互呼应。课堂活动应该能够触发学生已经掌握的知识点，并通过激活这些知识点，让学生实现知识的内化和深化。所以，课堂活动与课下学习资源必须保持高度的一致性和协调性。

（三）教学环节以学生主动学习为主的原则

翻转课堂教学模式的核心在于学生和教师角色在教学过程中的转变，学生要由传统的被动接受知识变为主动参与学习。在构建数学翻转课堂教学模式时，激发学生的主动学习动力至关重要。数学虽看似抽象枯燥，但其实质蕴含着丰富的趣味性。通过巧妙的引导和学习活动设计，很多学生能发现学习数学的乐趣。因此，教师应致力于激发学生的自主探究能力，创造多种机会使学生掌握学习的主动权，让学生在学习过程中感受到自我探索的乐趣，从而真正成为数学学习的主导者。

（四）课堂活动与课程内容的紧密契合原则

在设计翻转课堂的教学活动时，教师必须深入思考几个问题。首要任务是确保活动能够恰到好处地涵盖相关的数学知识点。要找到这个平衡点，教师需要基于对课堂活动的深入理解来进行设计。每个数学活动都应与课程内容紧密相连，并围绕这个连接点进行扩展。在活动实施过程中，教师应密切关注活动的进展，确保课堂活动始终围绕课程内容顺利展开。

三、高职数学翻转课堂的教学模式结构

为了改进和完善现有的国内外翻转课堂教学模式，我们要以学生和教师为主体，在课前、课中和课后三个教学环节加强互动交流。我们的目标是提升学生的学习兴趣和主动性。为此，我们要设计适合高职数学课程的翻转课堂教学模式，如图 5-3-1 所示。

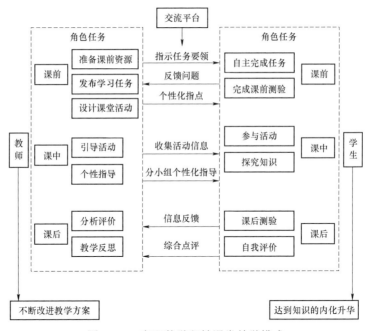

图 5-3-1　高职数学翻转课堂教学模式

该模型对现有的翻转课堂教学模式进行了全面的优化。在横向上，它按照时间顺序将教学过程细分为课前、课中和课后三个阶段，清晰地揭示了每个阶段的任务导向及其之间的内在联系；在纵向上，该模型根据教学角色将参与者划分为教师、交流平台和学生三大模块，并明确了各模块的驱动任务。这一模型详尽地阐述了教师、学生及交流平台在课前、课中、

课后各个时间节点的任务导向及其相互之间的关联。

在当下信息时代，获取学习资源的方式很多，高职学生除了从教师和课堂获取知识外，其自主学习能力也至关重要。自主学习即自我驱动的学习，学生在此过程中需要适当的学习资源和信息。网络空间确实能提供海量信息，但信息的多样性、难易度差异以及适用性问题，导致并非所有信息都适合学生学习。因此，高职数学教师需重视教学资源建设，利用现代信息技术手段，不断提升自己的信息化教学水平，为学生提供符合其实际需求的教学资源，如微课视频、练习题库、在线测试题库、学习指南和 MOOC 资源等。这需要大量时间和精力，且许多教师面临教学任务繁重和技术不熟悉的挑战，但若能得到学校领导层的支持，以团队形式进行立项并完成此项工作，相信教师能够克服这些困难。同时，兄弟院校间的合作与资源共享也能减轻教师的工作负担。

第四节　基于学生应用意识培养的高职数学教学改革研究

20 世纪是数学应用教育改革的关键时期，先后涌现出多种重要的应用教育理念。其中，20 世纪 50—60 年代的"新数学"运动和 20 世纪 80 年代的大众数学及问题解决观念尤为突出。随着这些理念的确立，数学建模和问题解决等应用教学方法在全球范围内得到广泛推广，这使得"数学应用"成为国际数学教育改革的核心主题。

一、高职学生数学应用意识的主要表现及特点

（一）高职学生数学应用意识的主要表现

高职教育以培养实际应用型人才为核心，数学教学应与生活实际紧密

结合，注重应用导向，避免过度强调逻辑的严密性和思维的严谨性。对于高职学生而言，数学应用意识体现在三个层面：在实践层面，能够从数学视角出发理解问题，并能主动运用数学知识、思维和方法去分析和解决问题；在知识层面，能够将数学知识与其实际背景相联系，理解并发现数学知识的应用价值；在数学学科本身层面，能够领悟数学学科的科学意义、美感及现实价值等。

（二）高职学生数学应用意识的主要特点

根据数学应用意识的含义和主要展现形式，高职学生的数学应用意识可呈现出以下三个特点。

1. 自觉性

自觉性，作为数学应用意识的一个基本特点，表现在个人为从事数学相关的实践活动时，有能力自主地利用数学的知识、思考和技巧来解决遇到的问题。数学应用意识在无形中自然而然地引导着个人的行动，这种引导具有转移性。一旦学生在过去遇到过类似的问题，并且成功解决了它，那么当他们再次面临相似的问题时，他们会自发地运用之前成功应用的数学思考方式来解决当前的实际问题。

2. 能动性

能动性，作为数学应用意识的核心特质，可彰显出个人在参与数学应用活动时的积极主动与创造精神。在实践活动中，人们总是怀揣着明确的目标，并依赖周密的计划和有效的方法来实现这些目标。那些拥有强烈数学应用意识的人，在遇到实际问题时，擅长从数学的视角来深入剖析和思考，进而积极、主动地调动自己已有的知识储备，并将复杂问题抽象为简洁的数学模型。通过这种模型，他们能够有效地指导和掌控自己的实践活动过程，进而展现出极高的解决问题的能力。

3. 发展性

数学应用意识并非一成不变，会随着主体认知水平的提升而不断发展变化。著名的教育家和心理学家赫尔巴特提出了意识阈的概念，他认为人的认知水平会受到意识阈的制约，但意识阈本身也是不断变化的。当新的意识阈形成后，人的认知水平就会突破原有限制，达到一个新的高度。因此，高职学生的数学应用意识水平是可以通过有针对性的培养而得到提升的。

（三）数学应用意识和数学应用能力的关系

数学应用能力与解决现实问题的能力息息相关。我们所说的"解决现实问题的能力"，实际上是指能够识别并分析实际情境中的数学问题，进而综合调用已掌握的知识和技能来寻求解决方案，并逐渐形成一套行之有效的解题策略的能力。因此，数学应用意识和数学应用能力在学生应对实际问题的过程中是相辅相成的。当学生遭遇实际问题时，他们首先需要激活自己的数学应用意识，主动去挖掘问题背后所蕴含的数学元素。然而，能否成功捕捉到这些数学元素，则取决于他们的数学能力水平。这里存在一个逻辑顺序的问题：如果学生缺乏必要的数学应用意识，那么即使他们拥有再高超的数学应用能力，也难以有效解决问题。因此，数学应用意识和数学应用能力在实际问题解决中是不可或缺的两大要素。

我国当前数学教育的实际情况显示，学生们缺乏的并非数学应用能力，而是数学应用意识，这已成为长期以来我国数学教育界面临的一个问题：在教学模式上，教师习惯于提出问题，学生则负责解答。经过多次这样的"训练"，学生们的解题能力似乎得到了"明显"的提高。然而，这种教学方法，无论是有意还是无意，都会导致学生养成一种依赖心理。他们习惯于等待教师给出数学问题，并期望这些问题中已经包含了"明显"的数学信息。因为无论教师给出的是哪种问题，学生都会将其视为纯粹的数学问题。在解答完这些问题后，他们很少去反思整个解题过程，反而容易得出自己数学学得"不错"的错误结论。因此，我们可以得出一个结论：即使学生具备了较强的数学应用能力，也并不意味着他们就具备了强烈的数学应用意识。数学应用意识的培养需要教师在教学过程中更加注重引导学生主动发现问题、分析问题，并鼓励他们运用数学知识去解决实际问题。

基于上述原因，我们应大力倡导并发展学生的数学应用意识。

二、培养高职学生数学应用意识的理论依据

当前，高职数学教学正迫切需要进行改革，以更好地培养学生的数学应用意识。最新的教育理论思想为我们提供了指导，让我们可以从理论的角度深入分析高职学生在培养数学应用意识方面所遇到的问题。我们的目标是找出这些问题的根源，并有针对性地提出解决方案，从而为高职数学课程的应用化教学改革提供坚实的理论依据。通过这一研究，我们希望促使高职数学教学更加贴近实际应用，以提高学生的数学素养和综合能力。

（一）认知发展理论

瑞士著名心理学家皮亚杰在其教育论著中指出："学生认知结构上的差异与年龄有关，处于不同阶段的学生，其认识、理解事物的方式和水平是不同的，教育、教学的策略方法和手段必须因不同年龄的学生而异，同学生的认知发展水平一致。"[①]对于高职学生而言，他们已经进入形式运算阶段，这意味着他们的思维活动不再依赖于具体事物，而是能够根据某种"形式"进行抽象、逻辑和概括性的思考。在这一阶段，学生已经具备了假设—演绎思维能力，他们能够依据各种现实情境和假设情境对问题进行深入的思考和分析，提出并验证假设。简而言之，从思维发展的角度看，高职学生已经具备了提出问题和解决问题的逻辑思维能力。他们是否具备数学应用

---

① 皮亚杰. 教育论著选［M］. 卢濬选，译. 北京：人民教育出版社，1990.

意识和能力，可以通过他们解决实际问题的过程来体现。

（二）模式识别理论

研究显示，当面临数学问题时，人们首先会倾向于将问题归类为自己所熟悉的问题类型，以便利用已有的知识和经验来找到解决方案。这一过程被称为模式识别。模式识别实质上是一个匹配过程，它指的是将问题信息与大脑中已存储的知识信息进行多次比较和分析，从而找到最佳的匹配方法。具体来说，模式识别理论可以被细分为以下几种不同的匹配模式。

（1）模板匹配模式。基于过去的生活经验，人们的记忆中存储了各种外部模式的副本，这些副本被称为模板。当新的外部模式通过感知器官传递给人时，人们会自然而然地将其与已有的模板进行对比，以寻找最佳匹配的模板。

（2）原型匹配模式。这种假设提出的模式被称为原型，与模板不同。原型并非复制品，而是对某一类客体的一种概括性表征。当外部刺激与原型具有相似匹配时，即可实现识别。

（3）特征分析模式。模式是由多个特征组合而成的。在进行模式识别时，主体会整合外部刺激的某些特征，并将其与记忆中存储的模式特征进行比较，以找到最佳匹配。

从匹配方式的角度来看，数学解题中的模式识别主要属于特征分析模式。这种模式要求人们对特征进行深入的分析和综合，从而进行准确的识别。这使得识别过程更具思维性，因此也更加复杂。

模式识别认知理论强调了识别问题类型和模式在解决数学实际问题中的重要性，同时也突出了区分问题深层结构和表层结构的重要性。我们应当基于问题的深层结构来对问题进行分类，并通过结构分析训练和认知过程模式训练等方法，促进学生解题能力心理结构的形成和发展。这将有助于提高学生解决数学应用问题的能力，并能培养他们的数学应用意识。

1. 推理意识

推理意识是指个体自觉运用推理和讲理的能力，即个体在面对问题时能够主动进行推测，并在表达时提供充分的依据和合理的解释，这种意识可体现数学逻辑性的要求。

推理意识涵盖演绎推理、归纳推理和类比推理的自觉意识。之所以要培养学生的推理意识，是因为数学以严格的证明为标志，这种特点是数学对于一般文化修养的独特贡献，其他科学无法替代。如果一个学生在数学证明方面没有留下深刻印象，那么他就会缺失一段基本的思维历程。因此，推理意识是每个人都应该具备的重要素养。

除了上述提到的，培养学生的推理意识还有以下三个方面的作用。

（1）培养推理意识有助于塑造学生良好的道德品质，并提升其实际生活能力。数学教学可引导年轻人逐渐树立一系列具有德育价值的品质，其中正直和诚实尤为突出。显然，通过培养推理意识，这两种品质能得到有效培育，同时这也能够帮助学生养成遵守纪律、尊重真理和严肃认真的工作态度。

（2）通过培养学生的推理意识，教师可以引导他们亲身体验科学研究的全过程，从而消除科学研究的神秘感，并增强他们进一步探索的信心和决心。

（3）培养学生的推理意识有助于促进其良好思维品质的形成，特别是能够提升学生思维的批判性和组织性。思维的批判性在科学思维中占据重要地位，具体表现为不轻易盲从的态度。而思维的组织性则体现在记忆的条理性上，具备推理能力的学生能够有意识地对所学知识进行分析、综合和分类推理，从而使知识更加系统化。

2. 抽象意识

抽象意识是指学生在学习数学的过程中应该培养的以下行为习惯。

（1）从问题的本质出发，在面对复杂事物时，有意识地分辨主要因素与次要因素、本质与表面现象，以便抓住问题的核心并对其有效解决。

（2）自觉将适当的问题转化为数学问题，也就是主动进行抽象概括，建立数学模型的习惯。这要求学生对事物现象的结构及事物之间或事物内部各元素之间的关系保持敏感，包括对数量和形状的敏锐感知。

抽象意识反映了数学的抽象性特点。数学的抽象性不仅是数学的一个重要特征，也是其优势所在。正因为数学具有抽象性，它才能在各个领域得到广泛应用。在数学中，常用的抽象化手段包括等置抽象、理想化抽象和实现可能性的抽象，这些手段在数学概念形成过程中是必不可少的。因此，在数学教学中，特别是在概念教学中，教师应有意识地为学生提供机会，让他们体验和揣摩抽象思想，从而培养他们的抽象意识。

培养抽象意识有助于提升学生思维的深刻性和抽象概括能力。思维的深刻性，也被称为分清实质的能力，表现为能够深入洞察研究对象及其相互关系，并揭示其中被掩盖的特殊情况。由于社会生活是复杂的，学生在未来生活和工作中可能会遇到难以预料和解决的问题。为了妥善处理这些问题，学生需要具备透过表面现象抓住本质的思维习惯，以及洞察和揭示事物本质的能力。这种看问题的深度和思维的深刻性要求学生具备抽象意识。因此，培养抽象意识有助于学生形成深刻的思维方式和提升抽象概括能力。

培养抽象意识有助于学生解决实际问题。为了使高职毕业生在实际工作中遇到问题时能够想到建立模型并运用相关理论来解决，高职教师必须培养他们的抽象意识。要帮助他们消除抽象和建立模型的神秘感，并帮助他们正确认识抽象与具体的关系。抽象意识强调对事物结构、关系（包括数量关系和结构）的敏锐分析和抽象能力，这些能力对于数学学习具有直接的益处，能够帮助学生更好地理解和应用数学知识。

3. 整体意识

整体意识是一种全面思考问题的习惯，可体现数学辩证思维的特性。

数学本身就是一个内在统一且充满对立的整体。高职数学是一个完整的知识体系，同时，高职数学中的许多内容也为学生形成整体意识提供了基础。以分类问题为例，高职数学中运用分类的一个典型例子是绝对值概念。要进行正确的分类，需要全面了解问题的情况，把握整体与部分的关系。因此，这些内容都是培养学生整体意识的好素材。

培养整体意识不仅要强调整体观念，还要注重整体与局部的关系、整体与局部的相对性及整体与结构的关系。学生在学习每门课程时，都应努力从整体上把握课程内容，这就是数学的认知结构。但需要注意的是，掌握整体并不意味着要掌握所有细节，最重要的是要掌握关键的"点"和"线"，以便能够构建一张网，覆盖全部内容。这张网就是认知结构，它是整体的骨架，只有理清了结构，才能真正理解整体。一个人数学认知结构的形成，实际上是数学理论内化、数学技能形成、数学活动经验逐步积累的过程，这对于培养人的数学素养具有决定性作用。

学生具备整体意识，对于他们的当前学习和未来解决实际问题都具有重要的指导作用。同时，整体意识也是系统论思想的基础，因为整体性原则是系统论思想的核心。培养整体意识有助于拓展思维的广阔性，培养求异思维，可使学生能够更全面地思考问题，发现更多的可能性，从而提高他们的创新思维和解决问题的能力。

4. 化归意识

化归意识是指在应对问题时，我们会有目的地将复杂或未知的问题转变为已知或更易于处理的形式，同时以关联和动态的眼光来审视和理解这些问题。

我们所处的客观世界是一个充满对立统一的存在，万物之间都存在着千丝万缕的联系。更为重要的是，在一定条件下，不同的事物能够相互转化，并且它们始终处于不断的变化之中。这些客观世界的固有属性提示我们，在观察和分析问题时，化归意识是不可或缺的。通过这种意识，我们能够更好地把握事物的本质和规律，从而更有效地解决问题。

数学是一个内部各部分紧密相连的整体，其中不同的概念之间有着深厚的联系，并且它们都依赖于相同的逻辑推理工具。这种内部的多元联系性为我们提供了将问题从一个形式转化为另一个形式的可能性。

化归思想，即将复杂问题简化为更易于处理的形式的思维方式，对我们的日常生活、工作和学习都具有指导意义。以数论为例，这一领域主要关注整数问题，也就是离散量的研究。然而，如果我们采用联系和动态的眼光来看待这些问题，就能够将离散的整数看作连续运动过程中的某一瞬间状态，从而实现从离散到连续的转化。这种转化策略经常能够帮助我们解决那些看似棘手的问题。通过这种化归思想，我们能够发现数学中不同领域之间的深层联系，并利用这些联系来找到解决问题的新方法。

数学中的化归方法，如从无限到有限、数与形的互化、曲线到直线的化归、空间到平面的化归等，为我们解决复杂问题提供了有效手段。同时，数学中的函数、对应、同构等概念揭示了事物之间的联系，为化归思想提供了有力的工具。

培养化归意识对于学生解决现实问题和提升思维品质都具有深远影响。在处理问题时，思维的敏捷性和变通性至关重要，它们决定了我们能否迅速而妥善地找到解决方案。化归意识能够帮助学生洞察事物之间的多种联系，使他们明白解决问题的方法并非一成不变，可激发他们的联想力和思维灵活性。通过这种意识的培养，学生将逐渐学会在错综复杂的事物中把握本质，以及在看似隐晦的形式中洞悉真相。这种能力不仅有助于学生解决实际问题，更能够提升他们的思维品质，使他们在面对各种挑战时更加游刃有余。

具备数学观念的人往往能从全局出发，关注问题的各个细节及其相互关系，善于抓住问题的核心。他们能够将棘手的问题分解、转化为易于解决的问题，并能够联想到与此问题相关的其他问题，进而迅速调动记忆中的信息以解决问题。因此，化归意识的培养对于提高学生的数学素养和解决问题的能力具有不可估量的价值。

三、培养高职学生数学应用意识的对策

对于个人来说，学校教育所能提供的知识是有限的，而且知识本身会随着社会的进步而不断更新。因此，学校教育只是个人教育旅程中的一个阶段；教育的过程并不会因为学校生活的结束而终止，而应该贯穿人的一生。学生在学校期间掌握的数学知识可能不足以应对未来所有的工作和生活挑战，但如果他们具备良好的数学应用意识，就能够在遇到相关问题时，通过自主学习和补充知识来解决问题。

（一）转变和完善现有的高职数学教学观念

要改革高职教育，首要的是重塑教师的教育理念。考虑到高职教育的独特性，数学教师应保持教育观念的时代性，深入研究高等职业教育的人才培育模式、基本特性及其发展趋向，以增强对高等职业教育的理解。他们应具备多元化的知识体系和复合型的能力结构。在建构主义的视角下，教师的角色不仅仅是知识的传递者，更是教学活动的组织者、指导者，以及学生意义建构的协助者和推动者。在培育学生数学应用意识的过程中，教师需要创造能激发学生此类意识建构的环境，并成为学生数学应用意识发展的组织者和指导者。此外，高职数学教师还应具备其他的一系列能力，包括获取和应用知识解决问题的能力、指导学生实际操作的实践能力、吸收相关学科新知识的能力、理性思维和综合管理能力，以及创新和教学科研能力。

其次，学生观念也需要更新。现代学生观强调以学生为中心，尊重学生的身心发展规律，并最大限度地发掘学生的潜能。学校教育的目标应该是多元化智能的开发，并协助学生找到与其智能特点相匹配的职业和兴趣。在接受学校教育的过程中，学生应能发现自身的至少一个优点，从而热切地追求自己的内在兴趣。这种追求不仅能培养学生对学习的热情，还能成

为他们持续学习的内在驱动力。在传统教育体系中，学生的多种智能往往会被忽视，他们的特长未能得到发掘，这造成了资源浪费。因此，职业教育需要充分认识到智力的多样性和广泛性，并通过引导、教育、开发和挖掘，使学生成为适应社会经济发展需求的合格技能型人才。

最后，需要转变的是教学观。高职数学教学应以应用为导向，注重内容的必要性和实用性，避免过度深入学科细节。教学内容应增强针对性和实用性，打破传统学科的框架，以综合化的思路进行重新组织和整合。考虑到高职学生毕业后将直接参与生产一线的工作，解决实际问题，高职教学必须突出能力培养的重要性。数学课程应明确规定对学生知识能力培养的具体要求和评估方法，使教师和学生都能围绕设定的能力目标进行教学和学习。在这样的教学过程中，学生既能锻炼思维能力，又能提高实践能力，从而在实践中实现知识向能力的有效转化。

长期以来，我国高职数学教育一直秉持以知识为核心的教学理念。这种理念认为，只要学生掌握了基础的专业数学知识，他们就自然而然地具备了运用这些知识进行思考和解决问题的能力。在这种理念的指导下，我国高职数学课堂教学更注重学科知识的系统性和逻辑性，强调理论的传授，而忽视了对学生应用能力和专业素养的培育。这种教学理念与高职人才培养目标的要求存在偏差，不能满足高职数学学科发展的需求，因此迫切需要相关人士对其进行改革。

高职教育的核心目标是培育具备专业技能的应用型人才。为适应这一目标，高职教育的教学观念应强调通过教学活动增强学生的社会职业适应能力。数学，是高职教育中的一门基础专业课，其提升社会职业适应能力意味着学生需要能够更好地将数学知识融入专业学习中，为专业发展提供支持。简言之，我们期待的高职数学教学观念应是为专业服务、具有显著应用特性的。这种观念包含两大要素：掌握专业发展所需的数学知识，以及学会应用这些知识。因此，这种教学观念的基本假设是，只有当学生既掌握了专业基础知识，又掌握了运用这些知识的基本理念和方法时，他们才能真正具备运用数学知识进行思考和解决问题的能力，教学观念的转变将引发教学内容和教学策略的一系列变革。作为高职数学教师，我们需要适应这一转变，并在自己的教学实践中对其切实体现。首先，要从思想上高度重视数学应用的价值，摒弃以知识为核心的传统观念；其次，应从提升学生职业适应能力的角度出发，将与之密切相关的知识、技能、方法作为教学重点；最后，应注重教学方式方法，强调应用教学，增强学生的应用意识，提升他们的应用能力。新的教学观念聚焦于提高学生的职业适应能力，对于数学学科而言，更加注重其应用性。培育学生良好的数学应用意识和应用能力已成为新的教学观念对高职数学教育的基本要求。因此，转变和完善现有的教学观念，建立与高职教育特点相契合的新教学观念，对培养学生的数学应用意识至关重要，是当务之急。

要确立全新的应用型高职数学教学观念，数学教师应及时摒弃与高职教育不相符的教学观念，积极探索将理论教学与实践教学相结合的方法。同时，要树立"以专业需求为导向，融入数学建模思想，减少对数学严密形式的过分强调，注重应用思维"的全新高职数学教学指导思想与观念。

强调数学教育要为专业服务，即意味着数学教育应满足专业的特定需求。例如，在教材内容的选择上，应遵循"必需、够用"的原则，挑选与专业发展相契合的数学知识，并根据专业的最新发展动态进行适时调整。通过这种方式，教师可以实现知识的模块化和各模块知识间的优化整合。同时，数学教学案例应优先选择专业实例，以突显数学知识的实际应用价值。将建模思想融入数学教学全过程，意味着教师需要采取有效措施使学生理解数学建模的意义和重要性，并掌握数学建模的方法。这将有助于提高学生运用数学模型解决实际问题的能力，并增强他们的应用意识。淡化严密形式意味着在充分考虑学生理解能力的前提下，尽可能地将数学知识与学生的实际生活联系起来。通过使用通俗易懂的教学语言和方法来讲解和演绎知识，教师可以帮助学生更好地理解和掌握数学知识。关注应用思维就是关注学生的实际操作能力，即他们是否能够运用所学的数学概念、公式和方法来解读和处理实际问题。这需要教师重视理论联系实际的思维过程，而非仅仅关注抽象的智力提升。"面向专业需求，融入建模思想，淡化严密形式，关注应用思维"这一新的教学观念准确把握了高职数学教育的特点和核心要求，它为传统教学模式向应用教学模式的转化提供了指导原则，因此从根本上说，它是科学的。这一观念值得我们在具体的教学实践中深入领会和把握。

总之，教师在教学中扮演着引导者和组织者的角色，他们的教学观念对学生的成长具有直接影响。为了与时俱进，教师需要通过不断学习和探索，提升自己的业务素质和应用能力。同时，他们应切实引导学生从实用的角度真正认识和理解数学知识。

（二）构建具有职业教育特色的数学课程体系

1.适应专业发展的要求

随着我国职业教育改革的不断推进，高职数学课程体系的问题也日益显现出来，其中包括内容重复度高、实际应用性不强及与专业课程教学的衔接不够紧密等问题。这些问题已经制约了高职数学的发展，使其无法满足当前的教育目标和需求。因此，对高职数学课程体系进行改革已经刻不容缓。

高职数学课程的改革应当紧跟时代步伐和专业发展趋势，强调其实用性，并着重于提升学生的数学素养和能力。在构建课程结构和选择教学内容时，高职数学应主动贴近专业需求，实现与专业教学的有效对接。教学设计应根据"情景模拟、知识传授、实践应用"的框架进行组织。经过一系列的教学革新，我们会深刻认识到其根本目的在于处理好"方向""需求"和"服务"的关系。而在这其中，课程的建设无疑是改革的重中之重。

高职数学课程体系结构包括应用数学基础、选学部分和应用专题部分。其中，应用数学基础主要进行理论教学改革，而应用专题部分则主要开设计算机数学实验和建模教学。具体来说，高职数学课程体系可分为以下几个模块。

（1）基础型模块：涵盖函数、极限与连续及一元微积分等高等数学中最基础的内容。这部分内容包含一些基本的数学思想和常用的数学工具，是所有专业学生的必修课。教师应致力于对其精讲细讲，确保学生理解并掌握这些知识，同时要通过基本训练，使学生初步具备运用知识分析和解决问题的能力。

（2）选学型模块：该模块的专业性较强，主要内容包括微分方程、多元函数微积分、线性代数及概率统计等。具体内容的选择需结合专业特点进行认真研讨，所有选学内容都应体现知识与生活、专业的紧密联系。相应的教学方式相对灵活，可以采用案例引导、问题情景设置等方式，也可以围绕某一数学应用问题，结合专业实践活动具体展开教学。教师应通过知识教学，提高学生"用知识"的意识与能力。

（3）应用专题型模块：重点介绍最前沿的数学方法和实用工具，旨在帮助学生把握数学领域的发展动态及数学工具在实际问题中的应用。其中涵盖了高效的数学计算技巧、实用性强的数学软件，以及一些具有代表性的数学模型。通过这些内容的学习，学生将深刻体会到数学课程的应用价值和工具性作用。为了更好地体现这一特色，教师在教学过程中可以更多地采用实验教学和建模教学的方法。实验教学能够使学生熟悉数学软件的操作和数学计算方法的实践应用，而建模教学则有助于提升学生综合运用数学知识解决实际问题的能力，能进一步培养他们的数学应用意识。

2. 打破僵化的统一教材模式

高职数学作为服务于专业的学科，其教材设计应紧密围绕专业发展的需求，凸显针对性和应用性。在教材内容的选取上，应摒弃僵化统一的模式，灵活地结合本专业和本校的特色与优势，编排符合实际需求的校本教材。这种校本教材应根据《高等职业学校数学教学大纲（试用）》的规范，结合学校实际情况，由本校教师自主研发、编制并供学生使用。在编制过程中，教师必须充分考虑专业目标、专业特点及学生的实际需求，不可简单复制普通高校的课程内容。为实现教学内容的优化配置，高职数学课程可采用模块化设计。具体而言，课程内容可分为基础模块、应用模块和选修模块。将基础模块定位为"通识"课程，旨在为所有学生提供必要的基础知识，反映高职数学教学的基本标准。其主要内容涵盖函数的极限、一元函数微积分等基础知识，通常安排在第一学期和第二学期进行教学。应用模块则与专业发展紧密相关，其知识内容在第三学期进行教学。学生在学习这部分知识时，可以根据专业要求将知识细分为若干个子模块，并根据不同专业的发展方向选择相应的知识模块。选修模块以数学实验为主，涵盖最新的数学理念和数学软件工具。学生可以根据自身对数学的兴趣和需要进行选择，这可充分体现"因材施教"的教育理念。该模块旨在通过强化学生的创新能力和综合素质培养，为其未来的专业发展奠定坚实基础。

3. 改革数学教学方法

为了培养学生的数学应用意识，我们需要以改革教学方法为切入点。通过对教学内容的科学加工、处理和再创造，让学生在应用中学习，在学习中应用，从而掌握数学的精神、思想和方法。数学教学不应脱离数学知识来谈应用，而应改变当前教学中仅注重概念、定义、定理、公式、命题的纯形式化数学的现象。我们应该还原数学概念、定理命题产生、发展的全过程，体现数学思维活动的教学思想。在教学中，我们应尽可能通过实例引入概念，并引导学生关注概念的实际背景。同时，要改变传统的教学方式，紧密结合生产和生活实际，以学生为中心，注重学生实际水平和职业岗位能力要求之间的衔接。要通过创设职业情境，帮助学生纠正认识偏差，体验职业活动，使数学教学更加生动有趣。长期以来，数学教师习惯采用灌输式教学法，这就导致学生机械地接收和死记硬背抽象枯燥的数学公式、法则、定理，并且，这使得学生在面对实际问题时无从下手，无法将所学知识应用于实际。因此，教师必须改变原有的教学模式，以启发式、开放式、引导式的教学方法取代知识灌输的教学方式，积极为学生的自主探究创造情境。

数学应用意识的培养过程需要与学生的数学知识相结合，与教材内容相结合，与教学要求相符合，与教学进度相一致。同时，教师要把握好难度、深度和广度。

在当前数学实验和数学建模课程尚未普及的情况下，我们需要在日常教学中将数学实验和数学建模的理念融合到教学中去。在每一个教学环节中都要注意培养学生的应用意识。

4. 开设数学实验课

数学实验是学生直接参与课堂活动、获得直观认识的重要途径，它是"实践数学"的过程。只有在具体、形象的感知中学习，学生才能真正理解数学知识。数学教师应创造机会让学生动手操作，参与知识的形成与发展。要通过动手、动脑的实践，使学生感到数学就在身边。

在高等数学教学中增加数学实验教学环节，需要充分利用现代教学手段，加强计算机信息技术在数学课程中的应用。教师通过计算机以动态方式演示抽象、难以理解的概念和分析过程，以及利用计算机处理极限计算、求导、积分和图形绘制等任务，可以帮助学生研究数学现象的本质特征、验证定理、探索新规则等，这样能够培养学生运用计算机解决数学问题的能力。数学实验不仅能带给学生全新的学习体验、激发他们的学习兴趣、加深其对所学知识的理解，还能让学生切实感受到数学的发展现状和应用价值。

数学实验课程通常应与理论课同步开设，保持与理论课程相一致的进度。在开设具体的实验课之前，教师必须明确该实验所需的数学软件。经典、成熟的数学软件和预设的软件包是比较理想的选择。例如，在高等数学实验中，教师可以选择使用 Mathlab 或 Mathematic 软件。

课堂教学在教育体系中占据核心地位，应成为培养学生数学应用意识的主要途径。学生的数学应用能力能够体现其思维力、创造力和掌握的数学思维方法。只有深植于心的数学思想和方法才能对学生产生长远的影响。学生的数学应用意识是推动他们自觉应用数学的动力，能让学生在面对问题时主动从数学角度思考，并运用数学思想和方法寻找解决方案。当学生学习新的数学知识时，他们应能主动探索这一知识的实际应用。数学是高职课程中的一门重要学科，涵盖了丰富的生产、生活题材，包括严谨的逻辑推理、多样的数学思想以及广泛的应用领域。因此，如何在课堂教学中有效培养学生的数学应用意识，值得每一位数学教育工作者深入思考和探索。

5. 开展数学实践活动

数学实践活动是数学课堂教学的延伸和拓展，是连接数学与专业领域、转变学生数学学习方式的关键桥梁，它使得课堂教学更具开放性。在教学过程中，教师应鼓励学生走出课堂，深入企业，融入社会。例如，结合课程内容，可以让学生了解企业的生产、经营、供销、成本、产值、利润及工程设计、立项、预算等实际情况；引导学生主动搜集实际背景资料，从中发现问题、提出问题，并构建适当的数学模型以得到数学结果。在此基础上，让学生分析这些结果在实际中的意义，并验证这些结果是否与实际情况相符。当理论与实际存在偏差时，学生应学会调整数学模型。

数学建模是一种实践性的数学活动，也是一种全新的数学学习方式，已成为国际趋势和共识。如果说数学实验是"做数学"的过程，那么数学建模就是学生"用数学"的过程。数学建模利用数学思想、方法和知识来解决实际问题，可为学生提供自主学习的空间。它有助于学生理解数学在解决实际问题中的价值和作用，和体验数学与日常生活和其他学科的联系，以及体验综合运用知识和方法解决实际问题的过程，从而增强学生的数学应用意识。开展数学建模活动可以激发学生的学习兴趣，引导学生主动解决问题，主动建构知识，进而加深其对数学基础知识和基本概念的理解，提高其数学应用能力，并增强其数学应用意识。

（三）联系实际并强调数学应用教学

高职数学教学的主要目标是强调应用，遵循"必需、够用"的原则，注重培养学生的应用意识及应用能力。然而，要实现学生从"学习数学"到"运用数学"的转变并不容易，需要高职教师在课堂教学的每个环节中进行引导，积极提高学生的数学应用意识和能力。

1. 重视数学知识产生的背景和过程教学

数学知识来自现实生活，许多看似抽象的数学概念和定理实际上都有其实际应用的背景。教师可以通过介绍这些背景，帮助学生看到知识与实际生活的联系，从而使数学知识更具体、更生动，并激发学生对学习和应用知识的兴趣。

对于每个人来说，知识的获取都需要一个过程，对知识的理解和领悟往往需要从浅入深。因此，学生不应仅仅关注知识的结论，更应重视知识的形成过程，包括探索、思考、理解、掌握和应用。实际上，对于学生来说，亲自体验知识的形成过程可能更为重要。在课堂教学中，教师应尽可能还原知识的原始形成过程，引导学生主动发现问题、揭示规律、形成方法。让学生从一个被动的接受者转变为知识形成的积极参与者，这将有助于激发他们的学习兴趣，提高他们应用知识的积极性和主动性。

实际上，教科书中的许多概念、定理和公式都可以通过观察、猜想和推理得到。教师在讲解这些内容时，应引导学生独立思考，探索其形成过程。这不仅有助于学生深入理解知识，也更容易激发他们对数学知识的兴趣。

2. 创设问题情境引导学生自主探索

问题情境是与教学问题相关的生活化场景。在课堂教学中，创建优质的问题情境不仅能加深学生对数学知识的情感体验，激发他们的学习兴趣，还能深化他们对知识的体验、理解和掌握。问题情境经常是书本知识与现实生活之间的桥梁，优质的问题情境能使学生更深入地理解知识的应用，掌握应用知识的条件和方法，对培养他们的数学应用习惯和提高数学应用能力大有裨益。

同时，教师在运用问题情境进行课堂教学时，通常会遵循"提出问题—联系知识分析问题—建立模型解决问题—应用与拓展"的教学思路和模式。这种教学模式会潜移默化地影响学生，引导他们在面对实际问题时，有意识地将其转化为数学问题来解决。因此，在情境化的课堂教学中，教师应有意识地多培养学生分析、解决问题的能力，增强他们的应用意识及应用能力。

例如，为了教授等比数列前 n 项和公式，可以创设以下情境：一个球从 6 米高的地方落下，每次弹起的高度是前一次高度的三分之二。问：球从最初落下到最终停下总共经过的路程是多少？这个问题情境是学生熟悉的案例，容易引发他们探索知识的兴趣。当学生发现现有知识无法解决问题、出现"认知缺口"时，教师适时引入公式的推导，有助于学生更好地理解新知识。

优质的教学问题情境能更好地将高职数学与生活实际及专业实际联系起来，能引导学生自主探索知识，对活化课堂教学、激发学习兴趣和培养应用意识都有显著的效果。

3. 体现数学的价值并使学生进行感悟

数学源于生活，其魅力在于广泛的应用性。要让高职学生热爱数学，首先要让他们领悟和体验数学的价值。从现实生活中挖掘教学材料，将数学知识的原型呈现于课堂教学中，可以使抽象的知识变得更具体、生动和有趣。理论知识和应用实践的有效结合可以让学生感受到知识的"实用性"，从而提高他们学习数学和应用数学的兴趣。如在讲解导数知识时，教师可以利用"变化率"来揭示导数概念。通过设置"气球膨胀率"和"高台跳水"两个实际问题，教师可以使导数抽象的概念推导过程变得具体而生动。结合实际案例教学，教师还可以通过推导、拓展的方式进一步引导学生研究导数的几何意义、导数的应用及函数的单调性等知识。

数学实践活动是数学应用教学的有力助手。通过亲身参与和集体讨论的方式，学生能够深入体验知识的生成与运用过程，从而加深对数学知识的领悟，并真切地认识到数学知识的实用性和重要性。以统计知识为例，教师在完成理论教学后，可以设计一次实践活动，带领学生前往市中心的繁忙路口，实地观察并记录过往车辆的数量，随后指导学生将这些数据整理成统计表格。面对这些实际统计数据，学生们可以展开热烈讨论，从中感受数学知识的无处不在和巨大作用。在这样的实践活动中，教师也能趁机激励学生更加努力地学习数学，将数学知识运用到实际生活中去。

在课堂教学中，除了常规的数学知识外，教师也可以适时地融入一些数学史的内容。传统的数学教科书往往偏重知识的逻辑性和系统性，但对于知识背后的起源、发展和变革过程则相对忽视。通过学习数学史，我们不仅能够填补这一空白，更能提升数学的实用性。中国自古以来就有着辉煌的数学成就，许多成就都值得我们在课堂上向学生们展示，如刘徽的《九章算术》、祖冲之的圆周率、杨辉三角形等。

总之，在高职数学课堂教学过程中，教师应改变传统教学观念，加强应用教学，要通过理论联系实际的方式让学生感受到数学知识在实际生活中的价值，从而提高他们在学习过程中的主动性。

4. 将数学实验融入教学实践

数学实验是一种创新的教学方法和学习模式，它使学生在获取数学知识或解决数学问题的过程中，能够借助某种技术媒介，如计算机，在特定的情境或实验条件下，通过观察发现、猜想验证等方式进行数学探索活动。数学实验强调问题导向，以计算机为辅助工具，以学生为主体。

在数学实验课程中，学生从观察、猜想、验证到应用掌握，亲身经历了知识的产生和发展过程。由于知识是学生通过自主探索获得的，他们能更深入地理解知识，同时也能更有效地体验到应用数学和实践的乐趣，这对培养他们的应用意识和实践能力都有很大帮助。

数学实验课程的教学过程可分为四个阶段：第一阶段是课前准备。在教学实验开始之前，教师应首先让学生了解实验的目的和内容，讲解相关知识，并对整个实验过程进行一定的组织和安排；第二阶段是实验设计。教师要针对实验问题，组织学生分组讨论，建立数学模型，设计合适的实施方案；第三阶段是实验实施。学生要按照既定的实施方案进行计算机操作，利用数学软件进行数值计算，解答应用问题；第四阶段是实验总结。学生要对实验过程和知识运用进行总结，完成实验报告。

参考文献

［1］杨蓓. 高职数学教学发展研究［M］. 天津：天津科学技术出版社，2020.

［2］赵红革. 高职数学教学之思考［M］. 沈阳：东北大学出版社，2020.

［3］刘杰. 高职数学与案例分析［M］. 北京：国家行政学院出版社，2017.

［4］许凌志. 高职数学教学及其改革创新［M］. 郑州：郑州大学出版社，2019.

［5］李薇. 数学建模与高职数学教学实践［M］. 长春：吉林教育出版社，2019.

［6］张彩宁，王亚凌，杨娇. 高职院校数学教学改革与能力培养研究［M］. 天津：天津科学技术出版社，2019.

［7］周晓燕. 高职高等数学的教学改革［M］. 天津：天津科学技术出版社，2017.

［8］宋立温. 高职数学教学研究［M］. 沈阳：白山出版社，2008.

［9］朱焕桃. 数学建模教育融入高职数学课程的分析与实践［M］. 北京：北京理工大学出版社，2013.

［10］孙勇. 高职数学核心能力探究［M］. 合肥：中国科学技术大学出版社，2011.

［11］刘冉. 高职数学高效课堂构建研究［J］. 陕西教育（高教），2023（12）：82-84.

［12］王玉洁. 数学建模思想融入高职数学教学的实践探析［J］. 邢台职业

技术学院学报，2023，40（5）：18-21.

[13] 韩杰. 高职数学教学中问题导向式教学法的应用研究［J］. 科学咨询
（教育科研），2023（8）：167-169.

[14] 徐园. 基于数学建模能力培养的高职数学教学创新与实践探索［J］.
河北职业教育，2023，7（3）：82-85.

[15] 孙梅. 高职数学线上线下标准化教学的实践应用路径［J］. 中国标准
化，2023（18）：207-209.

[16] 顾丽娜. 数学建模在高职数学课程中的教学改革与探索［J］. 科技风，
2023（26）：120-122.

[17] 朱媛媛. 行动导向教学法在高职数学教学中的应用［J］. 长江工程职
业技术学院学报，2023，40（3）：47-50，54.

[18] 江雅倩. 基于核心素养的高职数学"做学教合一"探究［J］. 现代职
业教育，2023（28）：141-144.

[19] 栾霞. 大数据驱动下的高职数学课程教学改革思考［J］. 信息系统工
程，2023（10）：158-161.

[20] 李珺. 翻转课堂在高职数学教学中应用的实践研究［D］. 苏州：苏州
大学，2015.

[21] 李新萍. 迁移理论在高职数学教学中的应用研究［D］. 济南：山东师
范大学，2006.

[22] 胡振媛. 高职数学案例教学探究［D］. 济南：山东师范大学，2007.

[23] 张书玲. 高职数学反思性教学研究与实践初探［D］. 济南：山东师范
大学，2007.

[24] 曾大恒. 高职数学教学改革的探讨［D］. 长沙：湖南师范大学，2007.

[25] 石平. 基于互助式教学的高职数学教学设计研究［D］. 保定：河北大
学，2010.

[26] 吴小艳. 高职数学微积分教学中渗透数学文化的理论与实践研究
［D］. 苏州：苏州大学，2010.

［27］杜慧慧. 提高高职数学情境教学有效性的研究［D］. 扬州：扬州大学，
2011.

［28］江华. 建构主义学习理论在高职数学教学中的应用［D］. 湘潭：湖南
科技大学，2013.

［29］胡源源. 支架式教学策略在五年制高职数学课堂中的应用研究［D］.
杭州：杭州师范大学，2015.